Bibliografische Information der Deutschen Nationalbibliothek:

Die Deutsche Bibliothek verzeichnet diese Publikation in der Deutschen Nationalbibliografie; detaillierte bibliografische Daten sind im Internet über http://dnb.d-nb.de/ abrufbar.

Impressum:

Druck und Bindung: Books on Demand GmbH, Norderstedt Germany
ISBN: 978-3-668-02184-6

Dieses Buch bei GRIN:

http://www.grin.com/de/e-book/303780/dossier-ueber-die-forschung-der-bionic-research-unit-der-beuth-hochschule

Michael Dienst

Dossier über die Forschung der BIONIC RESEARCH UNIT der Beuth Hochschule für Technik Berlin

GRIN Verlag

DOSSIER ÜBER DIE FORSCHUNG DER BIONIC RESEARCH UNIT DER BEUTH HOCHSCHULE FÜR TECHNIK BERLIN

Mi. Dienst, im Frühjahr 2015

Inhalt:

I INTRO. Die Idee einer die Fachbereiche der Technischen Fachhochschule Berlin übergreifenden Forschungsgruppe für das Themenfeld „Bionik" stammt aus den späten 90er Jahren d.v.Jh. Anfangs von Prof. Bernd (FB V, Verpackungstechnik) als interdisziplinäres An-Institut der Technischen Fachhochschule, später als auszugründende GmbH geplant, standen hochschulinterne Interessenkonflikte und Auflagen der Senatsverwaltung der Gründung einer Forschungseinrichtung für das Wissensgebiet der Bionik lange im Wege. Erst im Jahre 2004 wird die BIONIC RESEARCH UNIT, nunmehr als Fachgruppe für forschungsbezogene Bionik an der Technischen Fachhochschule Berlin, (später Beuth Hochschule für Technik Berlin) von Professoren des Fachbereichs FB VIII ins Leben gerufen[1]. Die Gründungsmitglieder der Fachgruppe sind Prof. Dr.-Ing. Hans-Dieter Kleinschrodt (Leiter der Fachgruppe), Prof. Dr. Dieter Korschelt, Prof. Dr.-Ing. Justus Lackmann, Prof. Dr.-Ing. Maria Loroch, Prof. Dr. Frank Mirtsch, Prof. Dr.-Ing. Joachim Villwock, Matthias Voss und Michael Dienst (Sprecher der Fachgruppe). Die BIONIC RESEARCH UNIT nimmt noch im laufenden Wintersemester 2004/05 ihre Arbeit auf; den Auftakt bilden eine Vortragsreihe und ein erstes Forschungs- und Kooperationsprojekt mit einem

[1] Der Fachbereichsrat des Fachbereichs Maschinenbau, Verfahrens- und Umwelttechnik hat in seiner 68. ordentlichen Sitzung, am Dienstag dem 26. Oktober 2004, die Gründung der Fachgruppe Bionic Research Unit [BRU] an der Technischen Fachhochschule Berlin einstimmig begrüßt.

regionalen Industriepartner. Im darauf folgenden Frühjahr erfährt die BIONIC RESEARCH UNIT mit einen eigenen Stand bei der Industriemesse Hannover 2005 Aufmerksamkeit über die Grenzen der lokalen Wissenschaftslandschaft hinaus.
Die Präambel der neuentstandenen Forschungseinrichtung überzeugt auch heute noch - mehr als zehn Jahre nach ihrer Gründung - durch Aktualität. Ich möchte an dieser Stelle auszugsweise zitieren[2]:

***Die Bionik** ist eine in die Zukunft weisende, interdisziplinäre Wissenschaft. Sie erfreut sich als Lehrgebiet an der Beuth Hochschule für Technik Berlin bei den Studierenden einer außergewöhnlichen Beliebtheit. Die Bionik wird seitens der Industrie, der Wirtschaft und der bundesdeutschen Bildungs- und Forschungspolitik als eine der Schlüsselkompetenzen der folgenden Dekade angesehen. Den hohen Erwartungen an diese junge Wissenschaft trägt die Beuth Hochschule für Technik Berlin mit der Einrichtung einer, im besonderem Maße auf Bionik-Forschung fokussierten Fachgruppe für Bionik, der Bionic Research Unit Rechnung.*

***BIONIK. Für eine moderne Gesellschaft**. Als Ausweg aus diesem Dilemma wird auf politischer Ebene eine nachhaltige, das heißt wirtschaftlich leistungsfähige, sozial gerechte und ökologisch verträgliche Entwicklung gefordert. Dies bedeutet nicht die Abschaffung von Technik, sondern Innovation und Integration. Es bedeutet die Optimierung von Technologie und Produkt im Einklang mit der Natur. Was liegt da näher, als die Natur selbst zum Vorbild für moderne, nachhaltige Technik zu nehmen?*

***BIONIK. Heute**. Die Wissenschaft der Bionik entschlüsselt Methoden und Prinzipien der Natur mit dem Ziel, Technik ökologisch verträglich und ergänzend zu formulieren. Bionik macht Technik und Bionik bewertet Technik mit den Instrumenten der Biosystemanalyse. Evolution und Genese von Technik, Technikfolgen und die Interaktion mit dem Nutzer sind Gegenstand der Lehre und Forschung an der Beuth Hochschule für Technik Berlin.*

***BIONIK. Zukunft**. Die Entwicklung moderner, nachhaltiger Produkte zielt darauf, Qualität, Material- und Energieaufwand, Zeiten und Kosten der gesamten Prozesskette der Produkterstellung zu optimieren. Wir sehen den Bedarf an Bionik in den Planungsbüros der fertigenden Betriebe und den Ideenschmieden, den Think-Tanks. Es besteht Bedarf an gut ausgebildeten, kreativen und schöpferischen Produktentwicklern. Die Ausbildung derart poietischer Persönlichkeiten ist unser oberstes Ziel.*

***BIONIK. Wissen schaffen.** Wir wollen Wissen was geschieht. Die wissenschaftliche Analyse des natürlichen Systems ist eine Voraussetzung für die Entschlüsselung physikalischer, chemischer und informations-technischer Effekte. Erst auf der Ebene*

[2] Siehe auch die Internetseiten der Bionic Research Unit unter https://projekt.beuth-hochschule.de/bru/

der Funktions- und Wirkstrukturen biologischer und technischer Systeme gelingt der Transfer von der Natur in das Produkt.

BIONIK. Methoden. *Ein Schwerpunkt der Bionik-Forschung an der Beuth Hochschule für Technik Berlin ist die Entwicklung einer Methodik zur Übertragung natürlicher Phänomene auf technische Systeme. BIONIK ENGINEERING öffnet die klassische problemorientierte Produktentwicklungsmethodik für zukunfts-weisende Konzepte zum Transfer optimaler Wirkprinzipien auf künstliche Systeme.*

BIONIK. Transfer. *Die Erstellung moderner Produkte ist ein komplexer, zeitkritischer Prozess. In der "frühen Phase" der Produktentwicklung besteht Bedarf an authentischen und kompetent vorgetragenen natürlichen "Lösungsprinzipien". Wir sind Ansprechpartner für Industrie und Mittelstand und leisten in einer Brückenkopffunktion den Transfer von Wissen in die Praxis, von der Natur in das Produkt.*

BIONIK. Interdisziplinär. *Die Bioniker der Beuth Hochschule für Technik Berlin sind auf Messen, Kongressen und Symposien präsent und kooperieren mit zahlreichen überregionalen Forschungseinrichtungen und Hochschulen.*

II INITIIERTE FORSCHUNG. Seit 2004 strebt die BIONIC RESEARCH UNIT forschungsmittel-geförderte, hochschuleigene und kooperative Forschungs- und Entwicklungsprojekte an zu Themen der an technischer Anwendung orientierten Bionik und unter den besonderen Aspekten einer systematischen Produktentwicklung und Designmethodik, der Untersuchung der biologischen Muster- und Gestaltentstehung, der Adaption und Selbstorganisation in der Technik, der Entwicklung von Verfahren zur Modellierung, Simulation und Berechnung komplexer Systeme aus den Gebieten der Strukturmechanik (FEM), Fluidmechanik (CFD) deren Kopplung in einem gemeinsamen Ansatz (Fluid-Struktur-Interaktion, FSI) sowie der computergestützten Optimierung technischer Systeme nach dem Vorbild der biologischen Evolution.

Die Mitglieder der BIONIC RESEARCH UNIT sind regelmäßig auf Tagungen, Messen und Symposien präsent und bei Informationsveranstaltungen und Projektwochen in Schulen und anderen Bildungseinrichtungen in Berlin und überregional aktiv. Es existieren vitale Kontakte zum Bionik-Kompetenz-Netzwerk BIOKON-international und zu der Gesellschaft für Technische Biologie und Bionik (GTBB). Ich selbst arbeite derzeit nebentätig als Dozent für Bionic Engineering am Industrial Design Institut der FH Magdeburg.
Die Idee der BIONIC RESEARCH UNIT ist das Initiieren, Projektieren und Betreuen von Forschung zur Bionik und im Vorfeld dieser Vorhaben das

Einwerben erforderlicher Mittel für Personal, Infrastruktur, Hard- und Software und notwendigem Gerät. Personalmittel wurden ab 2004 für voll- und teilzeitig eingestellte Wissenschaftliche Mitarbeiter und studentische Hilfskräfte verwandt.

Aus heutiger Sicht und im Rückblick auf zehn Jahre erfolgreicher Bionikforschung an der Beuth Hochschule für Technik Berlin kristallisiert sich eindeutig ein Themenschwerpunkt heraus: Die Vorhaben der BIONIC RESEARCH UNIT behandelten primär Fragen zur so genannten „Intelligenten Mechanik" in Natur und Technik. Anfangs wurden biologistischen Hintergründe geklärt, an der Wirkungsweise von Fischflossen die prinzipielle Lösung für ein autoadaptive Tragflächen herausgearbeitet und erste intelligente Kinematiken entworfen (Forschungsprojekt „FlowBow" / Laufzeit 09/2004 bis 08/2005 (Mirtsch 2005)), die numerische Grundlagen erarbeitet (Forschungsprojekt „i-mech,", Laufzeit 10/2007 bis 04/2008 (Krebber 2008)) und einfache Systeme mit Fluid-Struktur-Wechselwirkung untersucht (Forschungsprojekt „Bionics and Morphological Computation (BMC)", Laufzeit 09/2008 bis 02/2010 (Sievert 2010)). Im Rahmen des Kooperationsprojektes „Hochschulbasierte Weiterbildung in Betrieben" wurden numerische Verfahren der Simulation strömungsadaptiver Profile weiterentwickelt (Forschungsprojekt „i-mech3", Laufzeit seit 02/2011 bis 08/2013 (Voss 2012), (Voss-2013), (Bagaric 2011)) und in einem weiteren Forschungsprojekt auf Repellertragflächen für Wellsturbinen angewendet (Forschungs-projekt „AdaptivFoil" Laufzeit 05/2012 bis 10/2013 (Ost 2013)). Ein rezentes Kooperations-Forschungsprojekt mit der Technischen Universität Berlin (Forschungsprojekt „FinTec" / Laufzeit seit 10/2013) behandelt im Rahmen einer von der BeuthHS geführten kooperativen Promotion den Einsatz intelligenter Mechanik in Nachleitapparaten von Strömungskraftmaschinen. In einer rezenten Industriekooperation mit dem Germanischen Lloid DNV-GL, erforschen wir den Wellenwiderstand modellierter, biologischer Halbtaucher mit potentialtheoretischen Methoden (Forschungsprojekt „Into FS-Flow" / Laufzeit seit 3/2014). Allen genannten Projekten ist als übergeordnetes Ziel die Klärung des Beaufschlagungs- Verformungsgebarens intelligenter Kinematiken in der Biologie und der Fluid-Struktur-Wechselwirkung strömungsbeaufschlagter technischer Systeme gemein. Im Zuge der Forschung zur „intelligenten Mechanik" biologischer und technischer Systeme wurden seit 2004 der BeuthHS zahlreiche Erfindungen (gemäß ArbnErfG) angezeigt und einige davon als Patente oder Gebrauchsmuster angemeldet. Das Deutsche Patent PTC/DE2010/075164, das Europäische Patent EP:10809144.8, das US Patent US-Pat.13/517,181 und das Internationale Patent WO: PCT/DE2010 /075164, IPC: B63H (2012.01) beschreiben die Gestaltungsprinzipien belastungsadaptiv ausgeführter Bauteile (Dienst 2012). Das Gebrauchsmuster

GM 20 2009 008 234.2, IPC F01D 5/28 (Dienst 2009) hat adaptive kinematische Segmente für bewegliche Statorschaufeln von Vorleitapparaten in Strömungsmaschinen zum Inhalt und erweist sich derzeit als richtungsweisend für die Kooperation mit dem oben benanntem Promotionsvorhaben an der Technischen Universität Berlin. Das Gebrauchsmuster GM 20 2010 003 723.9, IPC A61F 5/02 ist eine biomedizinische Anwendung für belastungsadaptive, flexible Bauelemente zur Integration in medizinischen Orthesen (Dienst 2010).

Einige der Aufsätze, Veröffentlichungen und Anmeldungen der BIONIC RESEARCH UNIT erwiesen sich in der Vergangenheit als fachübergreifend relevant für die Forschung anderer Institute.
Die nachfolgende Bibliographie betrifft in erster Linie Veröffentlichungen der Mitarbeiter aus den über Drittmittel geförderten Projekten der BIONIC RESEARCH UNIT und des weiteren Beiträge aus meiner Tätigkeit im Zusammenhang mit der Bionikforschung im Hause.

Publikationen und Patente der BIONIC RESEARCH UNIT (Auszug).

Bagaric, B. (2011). Modellierung, Simulation und Parametrisierung eines virtuellen Strömungskanals
mit dem Programmsystem FS-Flow. Untersuchung typischer Szenarien endlicher Tragflügel.
Bachelorarbeit a.d. BeuthHS Berlin (082011).

Krebber, B. (2008) "i-mech". Untersuchung der intelligenten Mechanik von Fisch-flossen mit Hilfe von
FSI- Simulation. Forschungsbericht der Technischen Fachhochschule Berlin 2007/08

Krebber, B., Kleinschrodt, H.-D. und Hochkirch, K.: (2008) Fluid-Struktur-Simulation zur Untersuchung
intelligenter Mechanik von Fischflossen. ANSYS Conference & 26. CADFEM Users´ Meeting, ISBN-3
937523-06-5

Mirtsch, F., Dienst, Mi. (2005) Artifizielle adaptive Strömungskörper nach dem Vorbild der Natur.
Forschungsbericht 30042005. Kinematiken und Gestaltungsprinzip. Forschungsberichte der
Technischen Fachhochschule Berlin.

Ost, S., Kleinschrodt, H.-D., (2013) Adaptiv Foils, in: Nachhaltige Forschung in Wachstums-bereichen, Bd.4, Mensch und Buch Verlag, Berlin ISBN 978-3-86387-392-9

Siewert, M; Kleinschrodt, H.-D.(2011) Bionical Morphological Computation. In: Nachhaltige
Forschung in Wachstumsbereichen Bd.1, Logos Verlag Berlin.

Siewert, M; Kleinschrodt, H.-D.; Krebber, B; Dienst, Mi. (2010) FSI- Analyse auto-adaptiver Profile für
Strömungsleitflächen. In: Tagungsband, ANSYS Conference & 28th CADFEM Users' Meeting Aachen
2010.

Voß, M., H.-D. Kleinschrodt, H.-D., (2013) 3D-Fluid-Struktur-Interaktion symmetrischer Profile mit
Innenstrukturierung. ANSYS Conference & 31. CADFEM Users' Meeting, Juni 2013, Rosengarten
Mannheim.

Voß, M., H.-D. Kleinschrodt, H.-D., (2012) Fluid-Struktur-Interaktion flexibler Tragflügel-profile nach
dem Vorbild der belebten Natur. ANSYS Conference & 30. CADFEM Users' Meeting, Oktober 2012,
Kongress Palais Kassel, 32 S., ISBN 3-937523-09-X

Voß, M., H.-D. Kleinschrodt, H.-D., (2012) Zwei-Wege-Fluid-Struktur-Interaktion mit OpenFOAM, Tagungsband. Jahrestreffen der Fachgruppen Computational Fluid Dynamics und
Fluidverfahrenstechnik. März 2012, Weimar.

III REZENTE FORSCHUNGSVORHABEN UND ZUKUNFTSPERSPEKTIVEN:

Die BIONIC RESEARCH UNIT führt derzeit keine über Drittmittel finanzierten Forschungsvorhaben durch. Die rezenten Aktivitäten dienen aber der Vorbereitung zukünftiger Projekte. Avisierte Vorhaben sind nach Forschungslinien oder Projektfamilien geordnet, sofern dies möglich ist und sinnvoll erscheint.
Tabelle 1 listet die Linienprojekte, Tabelle 2 avisierte Vorhaben mit starkem Alleinstellungsmerkmal. Vorhaben einer Forschungslinie sind potentiell aufwändig, sollten arbeitsteilig konzipiert werden und greifen auf einen gemeinsamen Kern zurück. Dieser Kern kann eine gemeinsame Forschungsabsicht sein (z.B. bei MuLAB) und/oder die Konzentration umfangreicher Vorarbeiten von generalem Inhalt und Thema (z.B. CARPO). Allen derzeit angedachten Vorhaben ist der Zugriff auf eine Schar gemeinsamer Methoden und ein deutlicher Bezug zur Strömungsmechanik gemein. Letzteres ist dem Portfolio der zurückliegenden Forschung geschuldet. Es ist außerdem von Bedeutung, dass jedes Projekt Schnittmengen mit anderen Vorhaben besitzt.

Dieses Dossier soll berichten über die derzeit erkennbaren Potentiale der BIONIC RESEARCH UNIT und auszuloten, mit welchen zukünftige Forschungsaktivitäten sich die Fachgruppe erfolgversprechend beschäftigen könnte; dies immer vor dem Hintergrund abschöpfbarer Vorleistungen. Einige Forschungskontakte sind zu Industrie- und Hochschulpartnern vital, andere schlafen derzeit, sollten aber rasch zu beleben sein. Wieder andere Kontakte bestehen zwar, eine tragfähige Forschungskooperation wird aber nicht ohne unsere Vorleistungen zu haben sein. Die avisierten Vorhaben besitzen praxisorientierte Inhalte aber auch grundlegende Forschungsfragen was vor dem Hintergrund der forschungspolitischen Ausrichtung unserer Hochschule zu Konflikten führen kann.

In diesem Aufsatz werden in Tabelle 1 die Linienprojekte und in Tabelle 2 die singulären Projekte benannt und anschließend Informationen zusammengetragen, aus denen auch die Fortschritte in den Teilvorhaben hervorgeht.

	Avisierte Vorhaben mit erkennbaren Metastrukturen			
Forschungslinie	**MuLAB**	**FlowLAB**	**VTT (Virtual Towing Tank)**	**i-mech / CARPO**
Titel	Das Museum als Labor für maritime Zukunftstechnik	Algorithmen für die Strömungssimulatio n mit gitterlosen Verfahren.	Modellierung, Simulation und Analyse Wellenform adaptierender Schwimmer in einem virtuellen Schlepptank	Modellierung und Analyse belastungs-adaptiever Bauteile
Themengebiet	Transfer maritimer Technik aus Sammlungen	Strömungs-Modellierung, Simulation, CFD, Potentialtheorie	strömungsmechanische Phänomene von flexiblen Tauch- und Schwimmkörper	Kinematik der Fischfinnen (FIN) und der Mittelhand von Wirbeltieren (CARPO)
Primäres Ziel	Anwendungsneut rale **Methoden** für den Transfer	OpenCode-Algorithmen für die interne Forschung	Methoden und Regeln für Konzept, Entwurf und Konstruktionen „intelligenter Mechanik" sowie Anwendungen für maritime Technik	
alsoZiele	Anwendungen	Software (Lehre)	Software (Forschung/Lehre)	Patente
Teilprojekte (autonom)	MuLAB.Methode n		VTT.intoFS-Flow	i-mech16.FSI
	MuLAB.CC-Rigg	FlowLAB.Kennfeld	VTT.RIGIDE	carpoFOIL
	MuLAB.Paddel	FlowLAB.EVO	VTT.MORPH	carpoPLANE
	MuLAB.Yuloh	FlowLAB.FSI	VTT.FSI	
konsolidierte Forschungspartner	Institut für Transportation Design HBK, Braunschweig	FUTURESHIP, Potsdam (D)	FUTURESHIP, Potsdam (D) DNV-GL, Høvik (N)	FUTURESHIP, Potsdam (D)
assoziierte Forschungspartner	Ethnologisches Museum (EM) Staatliche Museen zu Berlin	HS Magdeburg Industrial Design Institut		
Fo-Kontakte	FUTURESHIP, Potsdam (D)			
Fo-Kontakte	Time's Up Boating Association (TUBA) Linz, (AT)			
avisierte Fo-Kontakte	University of Auckland (NZ) Yacht Research Unit			
avisierte Fo-Kontakte				

	Avisierte Vorhaben mit Alleinstellungsmerkmalen				
	CASTO		WSP	statoWELLS	i-mech.RPT
Titel	fureLETs	Manöver			
Thema	Modellierung und Simulation der Strömung an komplex strukturierten Oberflächen	Strömungs-Prozess-rechnung für transversale KRAFT-Tragflächen Kleine Re-Zahlen	Strömungs-mechanische Wirbelspulen	Modellierung und Simulation der Strömung an Vor-, Nach- und Stufen-Leitapparate mit intelligenter Mechanik für Wellsturbinen	Gestaltung belastungs-adaptiever 3D-Bauteile. Modellierung und rechnerische Verifikation
Ziele	Strömungsgrund-lagen artifizielles Fell	Computermo delle für Kraft- und Arbeits-prozesse	Grundlagen und Stationäre Theorie	konkrete Gestaltung und Simulationsmodelle	konkrete Strömungs-bauteile.
alsoZiele	Computermodelle für Haar, Fell, Pelz, Gras		Instationäre Theorie	FSI-Simulation	
alsoZiele	Gestaltungsprinzipien / Claims / Patente		Verallgemeine-rungen	Anwendungen	
Survey	Semiaquatiaten und Biberartige. Technische Polstoffe				
Phänomenologie	Strömung um biol. Fasern (Haar, Fell, Gras) und technische Polstoffe.				
Funktionshypothese	WI-Minderung durch strkturierte Grenzschicht (Ribblet-Analogie)				
Funktionshypothese	Stall-Kontrolle (Grenzschicht-Stall, Gefieder-Analogie)				
Funktionshypothese					
Physical Modelling	Zelluläre Automaten Elastische Biegung Potentialtheorie	Potential theorie			
Entwicklung / Anwendung					
Funktionsprinzip					
Konzept					
Entwurf					
Konstruktion					
Prototyp					

IV Beschreibungen der einzelnen Projektvorschläge

MuLAB. Das Museum als Labor für maritime Zukunftstechnik

MuLAB.Methoden: Transfer-Methoden der industriellen Produktentwicklung und computer-basierten Analyse- und Simulationsverfahren.

MuLAB.CC-Rigg: Das Rigg polynesischer Segelkanus als Vorbild für innovative Surf-Segel.

MuLAB.Paddel: Analyse der Wirkungsweise von Kajakpaddel der Grönland- und Alaska-Eskimos. Entwickeln von Technik- und Technologie-Demonstratoren (experi-mentelle Archäologie).

MuLAB.Yuloh: Konstruktion und Wirkungsweise asiatischer Wriggpaddel verstehen und transferieren als Vorbild für hybride Hilfsantriebe von Seefahrzeugen.

FlowLAB. Open Source Algorithmen für Struktur- und Strömungssimulation.

FlowLAB.Kennfeld Variationen und Reihenuntersuchungen an ausgesuchten Strömungskörpern.

FlowLAB.EVO Optimierungsumgebung für Strömungsaufgaben.

FlowLAB.FSI Fluid-Struktur-Wechselwirkung mit gitterlosen Verfahren.

FlowLAB.RAPR Reale- Arbeits- Prozess- Rechnung für komplexe Strömungsaufgaben.

VTT. Der virtuelle Schlepptank (Virtual Towing Tank)

VTT.intoFS-Flow Standardaufgaben mit dem Simulations-Programm-System FS-Flow.

VTT.RIGIDE Starre Halbtaucher-Systeme im virtuellen Schlepptank.

VTT.MORPH Verformbare Halbtaucher-Systeme im virtuellen Schlepptank.

VTT.FSI Fluid-Struktur-Wechselwirkung an der Phasengrenze.

i-mech. Modellierung und Analyse belastungsadaptiver Bauteile

i-mech16.FSI 2D-Systeme mit nichtorthodoxer Fluid-Struktur-Wechselwirkung.

CARPO. Modellierung und Analyse belastungsadaptiver Bauteile

carpoFOIL Profilsegmente mit Fluid-Struktur-Wechselwirkung.

carpoPLANE Kraft- und Arbeitstragflächen mit Fluid-Struktur-Wechselwirkung.

CASTO.furelets. Strömungsphänomene bei Fell
und an komplexen artifiziellen Oberflächen.

CASTO.Manöver. Real-Prozess-Rechnung für Strömung über Polstoffen
Strömungs-Prozess-Rechnung für transversale Krafttragflächen bei kleinen Reynoldszahlen.

WSP Fluidmechanische Wirbelspulen.
Grundlagen, Theorie, Simulation und Berechnung stationärer Wirbelspulen.

statoWELLS. intelligente Mechanik für Statoren in Wellsturbinen.
Modellierung und Simulation der Strömung an Vor- Nach- und Stufenleitapparaten mit Fluid-Struktur-Wechselwirkung und intelligenter Mechanik für Wellsturbinen.

i-mech.RPT Bauteile mit intelligenter Mechanik aus dem Drucker.
Gestaltung belastungsadaptiver dreidimensionaler belastungsadaptiver Bauteile. Entwurf, Konstruktion, Modellierung und rechnerische Verifikation innenstrukturierter Bauteile mit intelligenter Mechanik.

MuLAB. Das Museum als Labor für maritime Zukunftstechnik

Schiffe spielen eine bedeutende Rolle in der Geschichte der Kulturen der Welt. Die Vergangenheit spannt ein gigantisches Feld räumlich-zeitlich verschränkten Wissens über maritime Technik auf, das - gesammelt in den Museen der Welt, mit ihren Exponaten und den Erinnerungen aus den Kulturen - Optionen auf Zukunftstechnik darstellen. Die Idee des Projekts MuLAB ist der Transfer von Sammlungsobjekten in maritime Zukunftstechnik. Für den erfolgreichen Transfer bedarf es spezifischer Produktentwicklungsmethoden.

MuLAB.Methoden: Transfer-Methoden der industriellen Produktentwicklung und computer-basierten Analyse- und Simulationsverfahren.

Oftmals existieren Hintergrundinformationen, Materialbestimmungen, archäologische Daten, Altersanalysen und Ergebnisse ergologischer und typographischer Untersuchungen. Diese Informationen reichen für einen unmittelbaren Transfer von Sammlungsobjekten in Zukunftstechnologien oftmals nicht aus oder liegen in einer für den Produktentwickler ungeeigneten Form vor. Es besteht daher der Bedarf, das existierende Faktenwissen zu strukturieren und zu ordnen, mit tradierten, gegebenenfalls eingeübten Verfahren die beobachtbaren Wirkmechanismen physikalisch beschreib-bar zu machen, Funktionshypothesen aufzustellen und deren Tragfähigkeit zu überprüfen mit dem Ziel, die Voraussetzungen für einen erfolgreichen Transfer herzustellen.
Arbeitsergebnisse sind primäre spezifische Produktentwicklungsmethoden für den Transfer und Handbücher für die praxisorientierte Anwendung, Computermodelle und materielle Objekte, Technik- und Technologie-Demonstratoren und gegebenenfalls Konzepte für innovative exempla-rische Produkte.

MuLAB.CC-Rigg: Das Rigg polynesischer Segelkanus als Vorbild für innovative Surf-Segel.

Die Inselwelt des pazifischen Kulturraums von Hawaii im Norden, der Küste Südamerikas im Osten, dem Indischen Ozean im Westen und Neuseeland im Süden wurde von den Polynesiern besiedelt und über drei Jahrtausende mit einfachen Segelkanus sicher befahren. Deren über Jahrhunderte erfolgreiche Riggs sind die so genannten Krabbenscherensegel (Crab Claw Rigg).
Das Vorhaben MuLAB.CC-Rigg lotet das Potential dieser Segelform in Hinblick auf einen Transfer in zeitgemäße Yacht- und Sportgerätetechnik aus. Dabei kommt einer Phänomenologie und der numerischen Analyse der komplexen,

stationären und nichtstationären Strömungsvorgänge eine bedeutende Rolle zu.
Arbeitsergebnis soll ein materieller Technik-Demonstrator (Surf-Segel) sein.

MuLAB.Paddel: Analyse der Wirkungsweise von Kajakpaddel der Grönland- und Alaska-Eskimos. Entwickeln von Technik- und Technologie-Demonstratoren (experi-mentelle Archäologie).

Man kann ein Eskimopaddel im Internet bestellen und erhät eine - meist in liebevoller Handarbeit gefertigte - Replik, die äußerlich tatsächlich dem Museums-Sammlungsobjekt gleicht. Erst eine detailliertere Analyse des Alask-Paddels fördert erstaunliche physikalische Merkmale dieser gar nicht so simplen Konstruktion hervor und führt auf eine komplexe Funktionshypothese.
Arbeitspackete sind (1) Computermodelle über die Kinetik der Paddel, (2) ein Strömungs- und (3) ein Prozessmodell für den Betrieb. (4) Ein materieller Technik-Demonstrator ist zu entwerfen und zu bauen (experimentelle Archäologie). Eine besondere Herausforderung ist die Materialauswahl in den Gestaltungsdetails. Eine spezifische Sensor-, Mess- und Übertragungstechnik (Beschleunigung, Bahnverfolgung) soll für Feldversuche geeignet sein.

MuLAB.Yuloh: Konstruktion und Wirkungsweise asiatischer Wriggpaddel analysieren und als Vorbild nutzen für hybride Hilfsantriebe von Seefahrzeugen.

Das asiatische Yuloh war – als der tradierte (Hilfs-) Antrieb chinesischer Dschunken und Sampas - im gesamten asiatischen Raum verbreitet (z.B. als Ro in Japan) und fand auch als Hilfsruder auf polynesischen Proas Anwendung. Im Westen sind in den Museen nur maßstäbliche Modelle zu sehen, die keine Detaildarstellungen zulassen. Nachbauten (Repliken), Weiterentwicklungen und Skalierung auf andere Schiffstypen sind bisher wenig erfolgreich geblieben.
Eine neuartige Vorgehensweise bei der Analyse von Sammlungsobjekten ist die noch junge „Computerexperimentelle Archäologie". Hierzu könnte das Vorhaben MuLAB.Yuloh einen Beitrag leisten und setzt genau hier an: Erste eigene Voruntersuchungen zu Yulohs mit Computermodellen legen den Schluss nahe, dass ein großes Entwicklungspotential in der Profilauswahl und der (Betriebs-) Prozessführung zu erwarten ist. Für die erforderlichen Reihen-untersuchungen sind die numerischen Methoden zu verfeinern.

Eine weitere Aufgabe im Projekt wird sein, Bedingungen und Einsatzmöglichkeiten so genannter „Fluid Muscles“ für Hybridantriebe auszuloten.

FlowLAB. Open Source Algorithmen für die Struktur- und Strömungssimulation.

In den Naturwissenschaften und in der Technik sind es fluidmechanische Fragestellungen, die sowohl einen hohen strukturellen Aufwand (Windkanäle, Strömungsmessstrecken), ausgefeilte numerische Methoden (Strömungssimulation, Computational Fluid Dynamics, CFD) als auch eine sehr hohe theoretische Sachverständigkeit aller Beteiligten fordern. Die numerische Strömungsmechanik ist eine Schlüsselkompetenz in der Ingenieurausbildung. Der Einsatz professioneller CFD-Software trägt diesem Anspruch Rechnung. Gerade in den frühen Semestern scheint jedoch das von den Studierenden als „gesichertes Wissen Anerkannte“ und das durch die abrufbare „gefühlte Lösungsautorität der Computerprogramme Vermutete“ auf unterschiedlichen Kontinenten zu liegen. Im avisierten Vorhaben FlowLAB soll eingedenk langjähriger Erfahrungen mit Ingenieur- und Designnovizen eine sich selbst erklärende ingenieurdidaktisch kluge Experimentierplattform für Strömungssimulation und Berechnung erarbeitet werden.

Die Bausteine dieser Plattform sollen frei verfügbare Computersprachen und frei verfügbare skriptfähige Simulationsprogramme zur Strukturberechnung und zur Strömungsmechanik sein. Von wissenschaftlicher Relevanz für die Hochschule sind dabei solche Algorithmen, die sich in projektspezifische Umgebungen einbetten lassen. Bei den verwendeten Strömungslösern sollen potentialtheoretische Verfahren und Panelmethoden zum Einsatz kommen. In Kombination mit schnellen Strukturlösern (beispielsweise nach der Elastischen Theorie) sind die Algorithmen in FlowLAB für den Benutzer sinnfällig, als Code nachvollziehbar und im praktischen Einsatz sehr schnell arbeitend. Der selbst unter den gitterlosen Verfahren schlechte Ruf der Potentiallöser (man spricht von „FreakSolver“, „junk-CFD“) gründet in der für wissenschaftliche Ansprüche nicht hinreichenden Abbildung der physikalischen Realität. Bei manchen Survey-Kampagnen, Machbarkeitsstudien oder Voruntersuchungen, wie si in

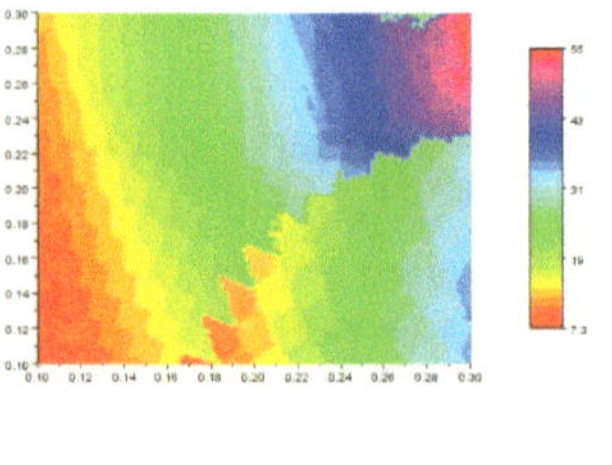

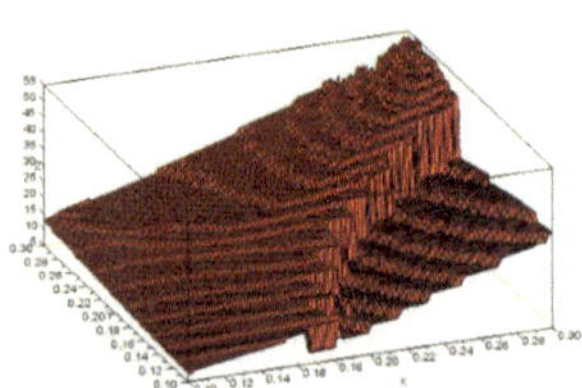

der anwendungsorientierten Bionik täglich vorkommen sollte eine (beschreibbare) Unschärfe in der physikalischen (Wechsel-) Wirklichkeit wissentlich in Kauf genommen werden können.

FlowLAB.Kennfeld Variationen und Reihenuntersuchungen an ausgesuchten Strömungskörpern.

Im Lehrbetrieb, aber auch in der an Anwendungen orientierten Forschung und im praktischen Betriebsalltag, beispielsweise in der Mechatronik, der Mensch-Maschine-Interaktion oder des Interface-Designs spielen Kennfelder aus Reihenuntersuchungen eine zunehmend wichtige Rolle. Die messtechnische Erstellung oder auch die Erzeugung der enorm hohen Datenmengen in Computermodellen bindet bei mehrdimensionalen Kennfeldern entsprechende Ressourcen. Junk-CFD als Berechnungskern ist durchaus in der Lage, innerhalb weniger Stunden systematische Variationen an einem Tragflügelprofil in 100X100-Kennfeldern abzulegen. Automatisierungen dieser Größenordnung fragen jedoch im Umfeld des physikalischen Modells betriebsharte, robuste Algorithmen nach, die im Teilvorhaben FlowLAB.Kennfeld zu erarbeiten sind und die es zu validieren gilt. In Besitz dieser Software können diese vielen (undankbaren) Jobs angenommen werden, die eine anwendungsorientierte Forschung erst ermöglichen.

FlowLAB.EVO Optimierungsumgebung für Strömungsaufgaben.

Im Teilvorhaben FlowLAB.EVO soll eine Optimierungsumgebung für Strömungsaufgaben erarbeitet werden. Vorbild der Strategie ist die biologische Evolution. Synthetische Evolutionäre Algorithmen wenden das Schema der biologischen Evolution auf mathematisch modellierbare Optimierungsaufgaben an und sind lokale Suchverfahren für komplexe, hochdimensionale Qualitätenräume. Der Code Evolutionärer Algorithmen ist in der Regel sehr kompakt.
Arbeitsergebnis im Vorhaben FlowLAB.EVO sind Algorithmen zur automatisierten Optimierung und Konditionierung von Modellen ausgesuchter (einfacher) Strömungsbauteile, wie etwa Profilkonturen oder Aufgabenstellungen aus der Statik. Den Berechnungskern bilden Struktur-berechnungen nach der elastischen Theorie und Strömungsberechnung mit Junk-CFD. Mit einer Optimierungsumgebung wird das physikalische Modell zu einem automatisierbarem Berechnungssystem ergänzt, das in der Lehre und in der anwendungsorientierten Forschung verwendet werden kann.

FlowLAB.RAPR Reale- Arbeits- Prozess- Rechnung für komplexe Strömungsaufgaben.

Bei der Untersuchung von Kennfeldern werden Geometrievariationen, Strömungs- und Verfahrens-randbedingungen systematisch nach Gradienten-methoden erzeugt, geordnet, gehegt und dargestellt. Modelle Reale Kraft- und Arbeitsprozesse erfordern hingegen eine Aneinanderreihung sich (quasi-kontinuierlich) ändernder Strömungsrandbedingungen, Geometrien oder Verfahrensrand-bedingungen.
Kinetik

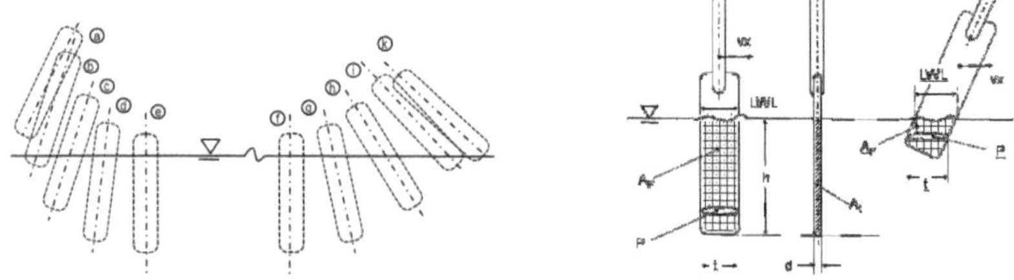

Im Besitz von realitätsnahen Verfahrens-, Belastungs-, oder Geometrieänderungs-Szenarien können beispielsweise dynamische Kräfte und Belastungen, Energie-Einkopplungs- oder Energie-Entkopplungs-Prozesse untersucht werden. Die Ergebnisse einer Real- Arbeits- Prozess- Rechnung können als Integral- und Mittelwerte den Daten (auch externer) messtechnischer Untersuchungen gegenübergestellt werden.

FlowLAB.FSI Fluid-Struktur-Wechselwirkung mit gitterlosen Verfahren.

Gegenstand der Forschung ist die Untersuchung von Strömungskörpern, die sich unter fluidischer Last verformen. Bei der Untersuchung stark flexibler Körper in der Strömung stoßen die bekannten Finiten Untersuchungsmethoden der Strömungs- und Struktursimulation allein jeweils an ihre Grenzen. Die heute zur Verfügung stehende, bilaterale Kopplung zwischen den Simulationsmethoden der Computational Fluid Dynamics (CFD) und der Finite Elemente Methode (FEM) in kommerziellen Programmsystemen (etwa ANSYS/CFX) eröffnet grundsätzlich die Möglichkeit, ein Verformungs-gleichgewicht in der Strömung zu simulieren. Die Lösungen von Körperverformung und Strömungsgebiet werden dazu in einem gemeinsamen Simulationsansatz (fluid structure interaction, FSI) miteinander gekoppelt. Bei FSI-Verfahren werden zunächst die Druckwirkungen des Strömungsfeldes als

Randbedingungen auf die Oberfläche des Strukturmodells interpoliert. Die sich daraufhin einstellende Verformung des Körpers ändert die Geometrie für das Strömungsfeld, so dass das dynamische Gleichgewicht der zwischen Struktur und Strömung in mehreren Iterationsschritten bestimmt werden muss. Der Zeitaufwand für eine vollständig auskonvergierte FSI-Berechnung mit finiten Verfahren wird heute - auch mit moderner Software- und Rechnerverfügbarkeit - in Stunden angegeben und ist Forschungs-Absicht des Vorhabens FlowLAB.FSI. Gegenstand der Untersuchung sind zunächst einfache, zweidimensionale Profilkonturen. Begonnen wird (1) mit der Kontur des Profils einer elastischen, ebenen Platte. (2) Standards: Mit finiten FEM/CFD-Verfahren gut untersuchte Benchmark-Fälle (z.B. die TUREK-Kontur). Grundsätzlich sollen auch (3) beliebige opake, nicht-innenstrukturierte Profilkonturen darstellbar sein.
Arbeitsergebnis sind Algorithmen für die Körperverformung nach der Elastischen Theorie, die Einbettung eines Potentiallösers für die Strömungsberechnung und Algorithmen für die (sukzessive) iterative Kopplung von Fluid- und Strukturberechnung und Reihenuntersuchungen in automatisierter Umgebung. Die Berechnungsergebnisse (und Berechnungszeiten) werden denen anderer Projekte gegenübergestellt.

VTT. Der virtuelle Schlepptank (Virtual Towing Tank)

zur Simulation autoadaptiver, Wellen generierender Teiltaucher

Die avisierte Forschung betrifft die Untersuchung strömungsmechanischer Phänomene von flexiblen, belastungsadaptiven Tauch- und Schwimmkörperstrukturen hinsichtlich intelligenter Kinematik mit numerischen Methoden und dem Ziel, Regeln für Konzepte, Entwürfe und Konstruktionen innovativer Transportlösungen zu erarbeiten. VTT zielt auf numerische Verfahren, die das Schwimm-, Bewegungs- und Wellenadaptionsverhaltens biologischer und technischer Teiltaucher in einem virtuellen Strömungskanal beschreiben und quantitativ auswerten. Das konkrete Ziel des Vorhabens ist die Beschreibung, Modellierung und Simulation der Fluid- Struktur-Wechselwirkung biologischer und technischer Modellkörper beim Voranschwimmen und beim Manövrieren an der Phasengrenze der freien Wasseroberfläche. Das Forschungsprojekt ist insofern einzigartig, dass computerbasierte Analyse- und Berechnungssystem, welche das gleichzeitige Generieren sowie das Adaptieren eines Wellensystems an der freien Wasseroberfläche durch eine Störkontur simulieren, derzeit nicht Stand der Technik sind. Der virtuelle Strömungskanal „VTT“ ist deshalb eine methodische und simulationstechnische Innovation, die interdisziplinär und fachgebietsübergreifend Lösungen sowohl für die wissenschaftliche Biosystemanalyse als auch für die Entwicklung zukünftiger maritimer Technik anbietet.

VTT.intoFS-Flow Standardaufgaben mit dem Simulations-Programm-System FS-Flow.

Einarbeitung in FS-FLOW. Mit dem Programmsystem FS-FLOW stellt der Forschungspartner FutureShip/DNV-GL Potsdam einen effektiven Code zur Simulation von Außenströmungen zur Verfügung. FS-Flow arbeitet nach der Potentialtheorie und ist ein so genannter Panel-Code, der für reibungs- und rotationsfreie Strömungsprobleme angewandt wird. Mit dem Panel-Code FS-FLOW sind die Berechnungszeiten für das Strömungsgebiet im Vergleich zu einem konventionellen CFD-Löser extrem kurz. Damit ist das Verfahren attraktiv für Untersuchungen hochkomplexer Qualitätslandschaften bei denen in möglichst kurzer Zeit eine Vielzahl von Berechnungsiterationen erforderlich sind. Hochschule und Industriepartner streben im Vorhaben „Virtual Towing Tank (VTT)" die Weiterentwicklung eines anwendungsoffenen, praxisorientierten Softwaresystems an. Ein Arbeitsergebnis ist das Handbuch zur Fluid-Struktur-Wechselwirkung von Wellen generierenden Teiltauchern in einem virtuellen Schleppkanal.

VTT.RIGIDE Starre Halbtaucher-Systeme im virtuellen Schlepptank.

Modellierung geometrisch einfach gestalteter Halbtaucher-Systeme mit einem CAD-Oberflächengenerator (Rihno, MultiSurf). Simulation von Tauch- und Halbtauchversuchen. Die Halb-tauchersysteme sind als starr anzusehen. Es werden Reihenuntersuchungen über Geometrie-variationen, Strömungs- und Verfahrensrandbedingungen systematisch nach Gradientenmethoden erzeugt und zu Kennfeldern geordnet.

VTT.MORPH Verformbare Halbtaucher-Systeme im virtuellen Schlepptank.

Das Teilvorhaben VTT.MORPH behandelt die Modellierung geometrisch einfach gestalteter Voll- und Halbtaucher-Systeme mit einem CAD-Oberflächen-generator (Rihno, MultiSurf), sowie die Simulation und Analyse des Verformungsverhaltens mit einem Strukturlöser nach der Finite Element Methode (FEM) bei komplexer freivariabler Beaufschlagungsverteilung an der Bauteiloberfläche. Der Strukturlöser kann ein frei verfügbares FEM-

Programmsystem sein. Folgende Aufgaben sind zu bearbeiten: (1) Übersicht hinsichtlich der Verfügbarkeit, dem Stand der Technik, Stand der Entwicklung und der Leistungsfähigkeit „freier" FEM-Programmsysteme. (2) Signifikante Beispielrechnungen. (3) Entwicklung und Ausformulierung einer Schnittstelle welche das angesteuerte Aufbringen komplexer freivariabler Beaufschlagungsverteilungen ermöglicht. (4) Nachweis der Skriptfähigkeit des FEM-Programmsystems durch einen einfachen aber universellen Kreislaufprozess. Die Arbeitsergebnisse sind zu dokumentieren.

VTT.FSI Fluid-Struktur-Wechselwirkung an der Phasengrenze.

Die komplexen Geschehnisse der Fluid-Struktur-Wechselwirkung an der Phasengrenze Wellen generierender Teiltaucher machen eine Simulation kompliziert. Ein numerisches Modell der Fluid-Struktur-Wechselwirkung volltauchender Fluidsysteme existiert nur in Konstellationen ausgesuchter geometrischer und physikalischer Randbedingungen, keinesfalls jedoch als verallgemeinertes anwendungsoffenes, numerisch und simulationstechnisch verfügbares Handhabungsprinzip. Absolutes Neuland betreten wir mit der Betrachtung der Fluid-Struktur-Wechselwirkung an der Phasengrenze Wellen generierender Teiltaucher.
Im Vorhaben „Virtual Towing Tank (VTT)" wird zunächst eine Prozesskette entwickelt, die Lösungen von Körperverformung (Finite Element Method, FEM) und Strömungsgebiet (Computational Fluid Dynamics, CFD) in einem gemeinsamen Simulationsansatz (Fluid Structure Interaction, FSI) unter den speziellen Bedingungen der hochkomplexen, dynamischen Außenströmung an der Phasengrenze miteinander koppelt. In einem zweiten Schritt werden ausgewählte biologische Teiltaucher in generalisierte Ersatzkörpersystemen modelliert und flexible, strömungsadaptive technische Teiltaucher hinsichtlich deren Fluid-Struktur-Wechselwirkungsgebaren simuliert.

Das Teilvorhaben VTT.FSI betrifft das grundsätzliche SetUp einer Kopplung von Oberflächen-wellenmodell und Halbtaucher in einem gemeinsamen Ansatz. Arbeitspackete: (1) Konditionieren eines Geometriemodellierer zu einem Pre-Prozessor für FS-Flow. (2) FSI-1: Elementare Ein-Wege-Kopplung der Teilsysteme FEM-CFD für einen Halbtaucher. (3) FSI-2: Zwei-Wege Kopplung entwickeln. Modelle, Simulationen, Berechnungen signifikanter Halbtaucher-Dummis. Die Arbeits-ergebnisse sind zu dokumentieren.

i-mech. Modellierung und Analyse belastungsadaptiver Bauteile

i-mech16.FSI 2D-Systeme mit nichtorthodoxer Fluid-Struktur-Wechselwirkung.

Das Vorhaben i-mech16.FSI ist die konsequente Folgeforschung der Kampagne „i-mech“ in der eine Prozesskette entwickeln ist, die Lösungen von Körperverformung (Finite Element Method, FEM) und Strömungsgebiet (Computational Fluid Dynamics, CFD) in einem gemeinsamen Simulationsansatz (Fluid Structure Interaction, FSI) unter hochkomplexen, dynamischen Randbedingungen miteinander zu koppeln.

CARPO. Modellierung und Analyse belastungsadaptiver Bauteile

Das Vorhaben CARPO ist ein Bionik-Projekt. Die Forschung behandelt das Thema "intelligente Mechanik" (i-mech) für Strömungsbauteile in der maritimen Technik der Zukunft und klärt grundlegend Mechanismen der Biomechanik, speziell der räumlichen belastungsadaptiven Beweg-lichkeit der Komplexkinematiken biologischer Gelenke und hier im Besonderen die Mittelhand-knochen der Vertebraten (Carpus) mit Methoden leistungsfähiger Simulationsverfahren.
Eine Vielzahl von Gelenken rezenter Wirbeltierskelette, wie beispielsweise die Mittelhandknochen und die Ellenbogengelenke, bilden komplexe, mehrachsig, räumlich wirksame Getriebesysteme aus. Das Handgelenk rezenter Lebewesen und dessen evolutionsbiologisch relevante Frühstadien die als Fossilen vorliegen, können als biologisches Vorbild für eine vierachsige (technische) Kinematik dienen. Das kinematische Wirkprinzip dieser technischen Vier-achsen- Scharnier- Kinematik ist jenes von vier dreidimensional-räumlich verbundenen, zwangsbewegten Klappen, deren Scharnier-Drehachsen einen gemeinsamen Schnittpunkt besitzen. Je nach Zuordnung der Freiheitsgrade der im Sinne einer kinematischen Kette ein räumliches Getriebe bildenden Scharniere, stellen die zwangskinematischen dreidimensionalen Winkel-bewegungen der Plattenebenen des kinematischen Systems ein Untersetzung- oder eine Übersetzung dar. Bei mechanischer Beaufschlagung bilden die beschriebenen Gelenkplattenkinematiken abhängig von der Anordnung der

Gelenk- und Fixations-ebenen (Knick-) Gewölbeformen aus. Prinzipiell sind Gelenkplattenkinematiken formalanalytisch schematisierbar und können Grundlage sein für synthetische, dreidimensionale getriebetopolgische Konzepte.

carpoFOIL Profilsegmente mit Fluid-Struktur-Wechselwirkung.

Das Teilvorhaben carpoFOIL betrifft die Modellierung, die Simulation und die Analyse der Umströmung von Profilkörpern vom Typ: „gewölbte Platte“ und „geknickte Platte“ in einem variablen Strömungsfeld. Als CFD-Simulationsprogramm soll das Programmsystem sollen auch gitterlose Verfahren eingesetzt werden. Arbeitspakete sind: (1) Systematische Variation, Modellierung (2D) und strömungsmechanische Berechnung einer Serie von parametrisierbaren Gelenkplattenprofilen und Wölbplattenprofilen hinsichtlich Auftrieb und Widerstand mit Programmsystemen zur Berechnung des Strömungsgebietes (Computational Fluid Dynamics, CFD). (2) Erarbeitung eines Handbuches „Profilkatalog für Wölb- und Gelenkplattentragflügel“. (3) Diskussion und Dokumentation der Ergebnisse.

carpoPLANE Kraft- und Arbeitstragflächen mit Fluid-Struktur-Wechselwirkung.

Den Kern der Forschung in carpoPLANE bilden Tragflügel für autoadaptive Leit- und Steuerflächen von Seefahrzeugen, die aufgrund einer zu entwickelnden neuartigen "intelligenten Flügelwurzel-kinematik (CARPO-PLANE) in der Lage sind, sich selbstständig der Strömung anzuformen. Mit dem Projekt streben der Industriepartner (FutureShip GmbH / Germanischer Lloyd) als namhafter Entwickler maritimer Simulationssoftware und Zertifizierer von Schiffen und Strömungsbauteilen und der Hochschulpartner die Entwicklung autoadaptiver Leit- und Steuerflächen, Berechnungs- und Optimierungsgrundlagen an. Arbeitspakete sind: (1) Entwurf und systematische Variation von (endlicher) Tragflügelgeometrien mit Gelenkplattenprofilen und Wölbplattenprofilen (2) Modellierung und strömungsmechanische Berechnung ausgewählter Tragflügel mit einem 3D-CFD-Ansatz.

CASTO.furelets. Strömungsphänomene bei Fell

und an komplexen artifiziellen Oberflächen.

Die Forschung im Projekt CASTO geht der Vermutung nach, dass dem benetzten Fell aquatischer und semiaquatischer Säugetiere, hier speziell der schwimmenden Biberartigen[3] Strömungsphänomene zugeordnet werden können, wie sie bei Vogelgefieder seit langem beobachtet werden.

Die ursprüngliche Intension für das Vorhaben CASTO.FurLETs waren zwei Beobachtungen, die ich an biologischem Pelz machte. (1) das Fell von Sägetieren, die gelegentlich oder häufig im Wasser leben (Semi-Aquatiaten) bildet in (fluidischen) Rückströmgebieten und bei Stall (Fell-) Taschen aus, die geeignet scheinen, den Separationspunkt der Grenzschicht eines Profils (die Separationsfront einer Fläche) stromabwärts zu verschieben (können). Bei einem strömungsmechanisch wirksamen Tragflächenprofil beispielsweise würde sich nun der Bereich stallfreier Strömung trotz steigender Anstellwinkel vergrößern. Ein analoges Phänomen taucht beim Gefieder der Vögel im Flug auf. (2) Bei näherer Betrachtung des feinpoligen Biberpelzes und dem Fell von Nerzen[4] (die eine semia-quatiatische Entwicklungsgeschichte besitzen) fielen mir die so genannten Grannenhaare auf, die im benetzten Zustand eine „Riffelstruktur“ ausbilden. Diese Riffel erscheinen (gestaltbedingt) im Betrieb adaptiv gegenüber der (Be-) Strömungsrichtung und geben zu der Spekulation Anlass, eine Analogie darzustellen zu den von der Mikrostruktur (Ribblets benannt) der biologischen Haihaut bekannten Strömungsphänomenen, der Widerstandsminderung durch Mikrowirbel im Nachlauf ihres Entstehungsortes. Die im benetzten Zustand an einer Felloberfläche auftretende Riffelsturktur wurde dann namensgebend für das Vorhaben FurLETs mit dessen Voruntersuchungen ich 2012 begann.

Die Kampagne wurde untergebrochen, nachdem ich erkannte, dass ich einem wesentlichen Denkfehler aufgesessen war: Natürlich bildet das mit Grannen durchsetzte Fell und auch die technische Transformation im benetzten Zustand eine (der Strömungsbeaufschlagung folgende, adaptive) Oberflächenstruktur aus. Dies ist für den Betrachter leicht zu erkennen. Auch spielen hier die so genannten „starken Bindungen“, herrührend von den Van der Wals-Kräften die zu einer Verteilung der Oberflächenspannungen auf der Strömungskörperkontur beitragen, die entscheiden-de, nämlich die „gestaltbildende“ Rolle. Nur ist dies nicht der wahre Betriebszustand des Fells schwimmender Biber. Bei Experimenten mit künstlichen Fellen (in der heimischen Badewanne) ist unmittelbar zu erkennen, dass selbst ein isotropes Material im

---

[3] Die Familie der **Biberartigen** (*Castoridae*) zählt innerhalb der Klasse der Säugetiere (*Mammalia*) zur Ordnung der Nagetiere (*Rodentia*).

[4] Als **Nerz** werden zwei Raubtierarten aus der Familie der Marder (Mustelidae) bezeichnet.

vollgetauchten (vollbenetzten) Betriebszustand keineswegs eine den Ribblets adäquate Oberflächenstruktur ausbildet. Gestaltbildend sind hier nichtkovalente „schwache“ Bindungen; eine vollkommen andere Physik als jene der Wechselwirkung einer aus dem Wasser gehobenen (wenn auch benetzten) Felloberfläche. Das Vorhaben CASTO sollte genau hier ansetzen.

CASTO.furelets hat die Modellierung und Simulation von Strömungsphänomenen bei Fell und an komplexen artifiziellen Oberflächen zum Gegenstand. Untersucht werden sollen die Stalleigen-schaften unter Fluid-Struktur-Wechselwirkung an einer amorphen Profilkontur im zweidimensionalen Fall. Mit den Erkenntnissen soll das grundsätzliche Verhalten von Felloberflächen in einer Strömung hergeleitet werden. Ein Ansatz für die Lösung dieser sehr ambitionierten Forschung stellen adaptive, Zelluläre Automaten und Konturartefakte (für Haar, Fell, Gras) dar, wie sie derzeit ansatzweise in Computeranimationen eingesetzt werden.

CASTO.Manöver. Real-Prozess-Rechnung für Strömung über Polstoffen

Strömungs-Prozess-Rechnung für transversale Krafttragflächen bei kleinen Reynoldszahlen.

Ist man in Besitz eines Strömungsmodells für komplexe amorphe Oberflächen, werden Geometrievariationen, Strömungs- und Verfahrensrandbedingungen systematisch nach Gradientenmethoden erzeugt, geordnet, gehegt und dargestellt. Sie bilden die Datenbasis für die Darstellung von Manövern im Sinne realer Kraft- und Arbeitsprozesse. Nun können realitätsnahe Verfahrens-, Belastungs-, oder Geometrieänderungs-Szenarien und dynamische Kräfte und Belastungen, Energie- Einkopplungs- oder Energie- Entkopplungs-Prozesse untersucht werden, wie sie beim Manövrieren auftreten.
Arbeitsergebnisse sind Computermodelle und materielle Objekte, Technik- und Technologie-Demonstratoren und gegebenenfalls Konzepte für innovative exemplarische Produkte.

WSP Fluidmechanische Wirbelspulen.

Motiv der Forschung WSP ist die Überführeung der „Phänomenologie der fluidmechanischen Wirbelspule“ in eine tragfähige Theorie zu überführen. Dazu sollen in erster Linie Simulationen eingesetzt werden, die den aus einer speziellen Feldtheorie stammenden Ansatz nach Biot und Savart bestätigen. Neben dem stationären Fall sollen auch Szenarien transienter fluidmechanischer Wirbelspulen untersucht werden.

WSP.stationär	Grundlagen, Theorie, Simulation und Berechnung stationärer Wirbelspulen.
WSP.instationär	Theorie, Simulation und Berechnung nichtstationärer Wirbelspulen.

Phänomenologie der fluidmechanischen Wirbelspule. Existieren zwei oder mehr kompakte Wirbelzöpfe gleicher Drehrichtung und ähnlicher oder gleicher Intensität, beginnen diese im Nachlauf ihres Entstehungsortes um ein gemeinsames Zentrum zu rotieren. Ein schraubenartiges Wirbelspulengebilde entsteht. Während die Wirbelzöpfe auf dem Mantel der Wirbelspule stromabwärts um eine gemeinsame zentrale Achse rotieren bildet sich innerhalb der Wirbelspule entlang des zentralen (gedachten) Stromfadens eine beschleunigte Strömung aus, die nach außen durch den Wirbelmantel begrenzt und geführt wird und in ihrem inneren Strömungsprofil rotorfrei ist. Dieses Strömungsphänomen wird als „Wirbelspuleneffekt“ bezeichnet.

WSP.visionär	Konzepte für Anwendungen stationärer und nichtstationärer Wirbelspulen.

Arbeitsergebnisse sind Computermodelle und materielle Objekte, Technik- und Technologie-Demonstratoren und gegebenenfalls Konzepte für innovative exemplarische Produkte.

statoWELLS. intelligente Mechanik für Statoren in Wells-turbinen.

Modellierung und Simulation der Strömung an Vor- Nach- und Stufenleitapparaten mit Fluid-Struktur-Wechselwirkung und intelligenter Mechanik für Wellsturbinen.

Das Vorhaben betrifft das Konzept, den Entwurf und die numerische Simulation von parametrisierten Modellen von Vor- Nach- und Stufenleitapparaten für Wellsturbinen. Diese besitzen die besondere Eigenschaft der beidseitigen

Beaufschlagbarkeit, was entweder leistungsfähige starre symmetrische Tragflügelprofile oder dynamisch-strömungsadaptive und damit flexible Konstruktionen Vor- Nach- und Stufenleitapparaten erfordert. Genau hier setzt die Forschung im Projekt statoWELLS an.
Flexible Profile nehmen ihre Betriebsform erst durch die Umströmung ein. Deshalb muss in einer numerischen Simulation die autoadaptive Verformung berücksichtigt werden.
Das übergeordnete Ziel des Projekts im Projekt statoWELLS ist das Übertragen von Gestaltungs-prinzipien intelligenter Mechaniken in der belebten Natur auf technische Anwendungen. "Intelligente Mechanik" bezeichnet hierbei mechanische Systeme und Strukturen in Natur und Technik, die durch ihre besondere Konstruktion unter Belastung eine für das Gesamtsystem gewünschte, vorteilhafte, im mechanischen Sinne aber „nichtorthodoxe" Verformung zeigen. Als Gestaltungsprinzip stellen autoadaptive Strömungsbauteile eine unabhängige Innovation dar.

i-mech.RPT Bauteile mit intelligenter Mechanik aus dem Drucker.

Gestaltung belastungsadaptiver dreidimensionaler belastungsadaptiver Bauteile. Entwurf, Konstruktion, Modellierung und rechnerische Verifikation innenstrukturierter Bauteile mit intelligenter Mechanik.

V Details zu den einzelnen Projektvorschlägen

Das Museum als Labor maritimer Zukunftstechnik (MuLAB)

Schiffe spielen eine bedeutende Rolle in der Geschichte der Kulturen der Welt. Schiffe sind Mobilitätsmaschinen von erheblicher Komplexität und zu jeder Zeit entschied gutes oder schlechtes Design über Leben und Tod. Dieser Art ist das seegängige Schiff zugleich Gegenstand einer Technikevolution und Vehikel seiner eigenen Verbreitung. Die Vergangenheit spannt ein gigantisches Feld räumlich-zeitlich verschränkten Wissens über maritime Technik auf, das - gesammelt in den Museen der Welt, mit ihren Exponaten und den

Erinnerungen aus den Kulturen - eine Option auf Zukunftstechnik darstellen könnte.

Forschungsaufgabe im Vorhaben MuLAB soll sein, Methoden und Instrumente zu entwickeln, die den Transfer unterstützen oder vielleicht erst ermöglichen aus der Wirklichkeit der Objekte in Sammlungen heraus in eine Realität zukunftsfähiger Technik.

Nützlich und wünschenswert wäre zunächst der Aufbau eines Katasters signifikanter (lokaler) Sammlungsobjekte nach ingenieurwissenschaftlichen Gesichtspunkten. Kern des Projekts ist die Entwicklung einer systematischen Herangehensweise für den Transfer des Wissens über Sammlungsobjekte in maritime Zukunftstechnik und die Entwicklung computerbasierte Verfahren zur Modellierung und Simulation des prinzipiellen physikalischen Geschehens existierender Gestaltungslösungen.

Arbeitsergebnisse sind primäre spezifische Produktentwicklungsmethoden für den Transfer und Handbücher für die praxisorientierte Anwendung. Gleichzeitig sollten sowohl Computermodelle, als auch materielle Objekte, Technik- und Technologie-Demonstratoren erarbeitet und gegebenenfalls exemplarisch innovative Produkte entwickelt werden.

Teilvorhaben sind:

MuLAB.Methoden: Erarbeiten von Transfer-Methoden maritimer Technik aus Sammlungen in Zukunftstechnik im Sinne einer industriellen Produktentwicklung sowie computerbasierte Analyse- und Simulationsverfahren.

MuLAB.CC-Rigg: Krabbenscherensegel (Crab Claw Rigg). Das Rigg polynesischer Segelkanus als Vorbild für innovative Segel. Phänomenologie und Analyse der komplexen, stationären und nichtstationären Strömungsvorgänge.

MuLAB.Paddel: Analyse der Wirkungsweise von Kajakpaddel der Grönland- und Alaska-Eskimos. Entwickeln von Computermodellen und materiellen Technik- und Technologie-Demonstratoren (experimentelle Archäologie).

MuLAB.Yuloh: Konstruktion und Wirkungsweise asiatischer Wriggpaddel (Yuloh, Ro) verstehen, Funktionshypothesen entwickeln und Computermodelle (auch für den Arbeitsprozess) nutzen um hybride Antriebe für Seefahrzeuge zu entwerfen.

Status der Entwicklung des avisierten Vorhabens MuLAB (April 2015).

Das Symposium „SAMMELN VERBINDET – MUSEUM COLLECTIONS MAKE CONNECTIONS“ im Rahmen des Internationalen Museumstages 2014 im Deutschen Schifffahrtsmuseum (DSM) Bremerhaven, veranstaltet von und in Kooperation mit dem Institut für Transportation Design der Hochschule für Bildende Künste Braunschweig (HBK) ging der Frage nach: „Wie kann sich das Museum mit seiner Sammlung von Exponaten und den Erinnerungen aus der Gesellschaft in die Zukunft einbringen?“ Das Symposium war der Auftakt zu einer Forschung mit Wissenschaftlern unterschiedlicher Disziplinen und Professionen in Kooperation zum Thema:

Transfer maritimer Technik aus Sammlungen in Zukunftstechnik für Seefahrzeuge

Im Sommer 2014 formierten sich regionale Arbeitsgruppen, um die Idee des Vorhabens unter Einbeziehung lokaler Kompetenzen und spezifischer Infrastruktur in Braunschweig, Bremerhaven und Berlin voranzubringen.
Die Wissenschaftler um Prof. Dr. Wolfgang Jonas vom Institut für Transportation Design der HBK Braunschweig und Mitarbeiter des Deutschen Schifffahrtsmuseum in Bremerhaven wollen sich historisch-kulturellen, nutzerfokussierten und zukunftsvisionären Fragen zuwenden. Die Akteure der Forschung in Berlin und Potsdam, das Ethnologische Museum der Staatlichen Museen zu Berlin, die BIONIC RESEARCH UNIT der Beuth Hochschule für Technik Berlin, die Firma FUTURESHIP DNV-GL in Potsdam und weitere assoziierte Forschungspartner in der Region diskutieren den Aufbau eines Katasters signifikanter Sammlungsobjekte nach ingenieurwissenschaftlichen Gesichtspunkten, der Methodenentwicklung und Fragen einer exemplarischen Realisierung.

Im Rahmen des avisierten Vorhabens soll die Berliner Arbeitsgruppe Beiträge leisten zur Entwicklung einer anwendungsneutralen Methodik des Transfers von Wissen über Sammlungen in Zukunftstechnik. Die Forschung impliziert die Erarbeitung von Handbüchern für die praxisorientierte Anwendung der erarbeiteten Methoden, materielle Objekte, Technik- und Technologie-Demonstratoren und gegebenenfalls Produktentwicklungen. Vorgesehen sind im Einzelnen folgende Arbeitspakete:

- Aufbau eines Katasters „Funktionale Würdigung" ausgewählter Objekte der Staatlichen Museen zu Berlin, insbesondere der Sammlungen des Ethnologischen Museums.

- Entwicklung von Methoden für den Transfer maritimer Technik aus Sammlungen in Zukunftstechnik.
    - Konzepte computerunterstützter Modellierung, Simulation und Berechnung zur Analyse maritimer Technik aus Sammlungen.
    - Vorgehensweisen der physikalischen Analyse und der systematischen funktionalen und ästhetischen Würdigung maritimer Technik aus Sammlungen und Funktionshypothesen.

- Computermodelle als Beitrag zur Entwicklung einer „Computerexperimentellen Archäologie".

- Exemplarische Produktentwicklung auf der Basis der erarbeiteten Methoden und Verfahren
    - materielle und computerbasierte Technik- und Technologie-Demonstratoren

- Handbuch zu den Methoden für den Transfer maritimer Technik aus Sammlungen in Zukunftstechnik für Seefahrzeuge.

Vorarbeiten für das avisierte Vorhaben MuLAB.

Stand April 2015.

Wann immer es geht, versuche ich zu diesem spannenden Thema neue Inhalte zu recherchieren und Kontakte zu knüpfen. Das geschieht für das Vorhaben MuLAB mühelos und schon fast beiläufig, weil die ganze Familie Dienst (besonders bei Regen) gerne als treue Museumserkunder unterwegs ist oder (besonders bei Wind) vitalen Kontakt zu Experten in maritimer Technik pflegt. Erstaunlich viele Segler sind von Beruf (knallharte) Wissenschaftler und tatsächlich Experten auf Arbeitsgebieten, die mit maritimer Technik Schnittmengen bilden. Vermutlich ist das kein Zufall. Und: Das Sammeln findet nicht nur durch und in Museen statt. Eine Regatta klassischer Yachten „versammelt" wesentlich mehr Objekte als jedes Museum. Mit den Menschen, die im Stande sind solche Schiffe zu bewegen und zu hegen kommt man leicht ins Gespräch. Mir scheint, eine Regatta ist auch immer eine Lehrstunde in „experimenteller Archäologie". Oft existieren langjährige Freundschaften, getragen von der Faszination die von Schiffen und maritimer Technik ausgeht. Im Rahmen des regelmäßigen Dialogs mit dem Forschungspartner FUTURESHIP DNV-GL in Potsdam kommen auch immer Ideen einer zukünftigen Zusammenarbeit zur Sprache. Für das avisierte Projekt MuLAB besteht Interesse Seitens des DNV-GL an einer Forschungskooperation, sofern die Initiierung und Projektführung in einem zukünftigen Vorhaben durch den Hochschulpartner erfolgt (hochschulgeführte Forschung).

In der Vorbereitung und der Fortentwicklung des (Berliner) Teilvorhabens MuLAB, der Projektidee „Transfer maritimer Technik, usw." tauchen jedoch aktuell Probleme auf.
(1) am Institut für Transportation Design der HBK Braunschweig steht das Kernprojekt vor dem Scheitern. Der projektführende Wissenschaftler, Prof. Dr.-Ing. Jonas wird 2015 in den Ruhestand gehen, der gesamte Fachbereich Design der HBK wird derzeit reformiert, der bislang in Braunschweig mit der Forschung im Kernprojekt betraute Doktorand wechselt an eine andere Hochschule und hat den Schwerpunkt seiner Arbeit endgültig auf ein anderes Thema verlegt.
(2) Sowohl in Braunschweig als auch in Bremerhaven wird derzeit keine Förderung der Forschung durch öffentliche Mittelgeber aktiv angestrebt.
(3) Prof. Jonas teilte mir dieser Tage mit, dass er einen Alleingang der Berliner Gruppe ausdrücklich befürwortet.
(4) Das Interesse an Forschungskooperationen der Staatlichen Museen zu Berlin, insbesondere der des Ethnologischen Museums in Berlin-Dahlem mit Hochschulen ist vor dem Hintergrund eines voraussichtlich mehrjährigen Umzugs der kompletten Sammlung in das neue Humboldtforum gering. Alle finanziellen und personellen Ressourcen seien absehbar gebunden, teilte mir Frau Dr. Ivanov (Leiterin des EM) in einem persönlichen Gespräch mit. Gleichzeitig wurde mir eine Zusammenarbeit (auf der Ebene der Amtshilfe!) für den Fall zugesagt, dass ein eigenständiges, hochschulgeführtes Projekt existiert.

Die ursprüngliche Intension der Braunschweiger Forscher um Wolfgang Jonas, die Berliner Bioniker zu einer Zusammenarbeit im Projekt Das Museum als Labor für Zukunftstechnik einzuladen, ist deren ausgewiesene „Methodenkompetenz" auf dem Gebiet der Übertragung von in der belebten Natur beobachteten Phänomene in Technik. Es sollte doch möglich sein, die in Berlin entwickelten Herangehensweisen des Transfers ihrerseits auf die Aufgaben zu übertragen, die sich aus den (Braunschweiger) Forschungsfragen ergeben.

Erforderliche Nächste Schritte:

- Die Möglichkeiten einer Förderung der Forschung durch öffentliche Mittelgeber werden ausgelotet, Varianten erörtert.
- Teilaufgaben und Arbeitspakete werden konkretisiert.
- Texte für Forschungsanträge werden vorbereitet (regionale und nationale Förderlinien).

Status des Teilprojektes **MuLAB.Methode**.

MuLAB.Methode. Aus der laienhaften Sicht der Nichtarchäologen, der Designer (Braunschweig) und der Ingenieure (Berlin) zeigt sich, dass hinsichtlich der Exponate und Objekte in den Sammlungen oftmals ein reichhaltiger Schatz an Fakten und Hintergrundinformationen, Materialbestimmungen, archäologische Daten, Altersanalysen und Ergebnisse ergologischer und typographischer Untersuchungen existieren, aber diese Informationen für einen unmittelbaren Transfer in Zukunftstechnologien nicht ausreichen oder in einer für den Produktentwickler (Ingenieur und Designer) ungeeigneten Form vorliegen. Es besteht daher dringender Bedarf daran, das existierende Faktenwissen zu strukturieren und zu ordnen, mit tradierten, gegebenenfalls eingeübten Verfahren die beobachtbaren Wirkmechanismen physikalisch beschreibbar zu machen, Funktionshypothesen aufzustellen und deren Tragfähigkeit zu überprüfen mit dem Ziel, die Voraussetzungen für einen erfolgreichen Transfer herzustellen. Die Entwicklung von Methoden zum Transfer maritimer Technik aus Sammlungen in Zukunftstechnik für Seefahrzeuge arbeitet auf einem schmalen Grat der sich in diesem Forschungsvorhaben ausbildet zwischen Geschichtswissenschaften und Ingenieurwissen-schaften. Eine Aufgabe wird es sein, Bauprinzipien und Gestaltungslösungen, künstliche Systeme, Artefakte früher Kulturen zu entschlüsseln, mit dem Ziel, diese auf moderne Maschinen oder Prozesse und insbesondere auf zukünftige maritime Technik zu übertragen.

Der Kontext zukünftiger Forschung und der des Vorhabens MuLAB. Schiffe spielen eine bedeutende Rolle in der Geschichte der Kulturen der Welt. Parallel zu den Artefakten muss sich das Wissen ihres effizienten Gebrauchs entwickelt haben, die Navigation, das Manövrieren, die Gesamtheit aller schiffserhaltenden Handlungen und alle Fertigkeiten, die zur praktischen Handhabung eines Seefahrzeugs beherrscht werden müssen. Auch muss ein

Schiffsführer physisch und psychisch den außerordentlichen Anforderungen auf See gewachsen sein, denn er trägt die Verantwortung für Schiff, Besatzung, Passagiere und Ladung. Aus diesem Kontext heraus hat sich in den vergangenen fünftausend Jahren maritime Technik und Techniken der Anfertigung und des Gebrauchs entwickelt. Das seegängige Schiff ist dabei Gegenstand einer Technikevolution und Vehikel seiner Verbreitung zugleich. Die Vergangenheit spannt ein gigantisches räumlich-zeitlich verschränktes Entwicklungs-labor für maritime Technik auf, die es zu finden, zu würdigen und zu werten gilt. Die Sammlungen unserer Museen bilden hierzu ein erstes greifbares Arsenal teils offensichtlicher, teils verborgener Puzzlesteine. Die „Funktionale Würdigung" eines Sammlungsobjekts geht dabei weit über die Dokumente

Einordnung des Vorhabens MuLAB. Weltweit steht die Schiffstechnik vor der Herausforderung, die Sicherheit und Zuverlässigkeit des Schiffsbetriebs unter Berücksichtigung zunehmender Umweltauf-lagen zu gewährleisten. Dabei dürfen die Aspekte der Wirtschaftlichkeit im Schiffbau und der Konkurrenzfähigkeit maritimer Produkte nicht außer Acht gelassen werden. Die sogenannte „blaue Wirtschaft" schafft in Europa 5,4 Millionen Arbeitsplätze und sorgt für eine Bruttowertschöpfung von fast 500 Milliarden Euro pro Jahr. Für die verantwortliche Nutzung der Weltmeere brauchen wir innovative und zuverlässige maritime Technologien. Forschung und Entwicklung in Schiffbau, Schifffahrt und Meerestechnik sind Voraussetzung für einen funktionierenden Welthandel und von hoher strategischer Bedeutung für die deutsche Wirtschaft. In der See- und in der Binnenschifffahrt werden innovative Technologien für mehr Effizienz im umweltfreundlichen Schiffsbetrieb benötigt. Auf dem hart umkämpften Markt kann der Vorsprung im Know How nur durch stetige Forschungs- und Entwicklungsanstrengungen gehalten werden.

Produktentwicklungsmethoden betreffen Fragestellungen mit denen die Informationen erarbeitet werden, die für das Konzept, den Entwurf und die Nutzung eines Produkts notwendig sind. Strategien, Methoden und Verfahren für die Entwicklung industrieller Produkte unterscheiden sich nach Branchen, Art und Typ der Produkte, weisen aber insbesondere in der maritimen Technik gemeinsame Grundstrukturen auf. Ein übergeordneter Strategieparameter ist dabei die „Gestaltungsabsicht (DesignIntent)", die den gesamten technischen Entwicklungsprozess von der Ideenfindung, über den Entwurf, die Konstruktion und die industrielle Fertigung bis hinein in die Produktbetreuung am Markt klammert. Der DesignIntent „maritime Zukunftstechnik" wäre dann für spezielle Entwicklungsvorhaben zu konkretisieren um eine systematische Herangehensweise zu begleiten.

Für eine beabsichtigte (industrielle) Produktentwicklung muss die „Funktionale Würdigung“ eines Sammlungsobjekts weit über die Informationen hinausgehen, die für Exponate in (Museums-) Sammlungen notwendig und derzeit üblich sind.

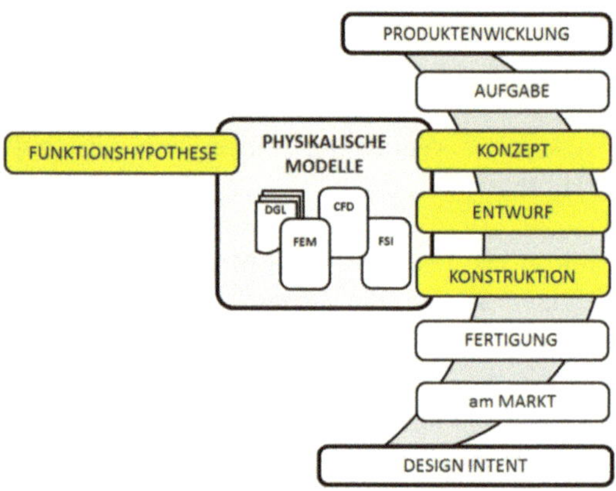

In einem Zusammenspiel experimenteller Methoden und theoretischer Modellbildung existiert die Zielvorstellung vermutete oder beobachtete Phänomene, Objekteigenschaften, eingesetzte Materialien, Energiewandel und Wechselwirken des Objekts in Raum und Zeit anhand von quantitativen Modellen und Gesetzmäßigkeiten zu erklären. Eine umfassende physikalische Modellierung geometrisch und energetisch komplexer Zusammenhänge gelingt mit computergestützten Simulationsprogrammen und Berechnungsverfahren. In Frage kommen hierbei die Finite Element Methode (FEM) die numerische Strömungsmechanik (Computational Fluid Dynamics, CFD, Potentialtheorie und Panel-Verfahren). Auf der Ebene der physikalischen Modelle bildet die „Funktionalen Würdigung“ des Artefakts einer Sammlung mit der „Frühen Phase der industriellen Produktentwicklung“ eine produktive Schnittmenge.

Technik- und Technologiedemonstratoren. Der von den zumeist in Differentialkonstruktion ausgeführten der Technik- und Technologie-Demonstratoren transportierte Nimbus besitzt eine Spannweite die vom legendären Thor Haierdal bis zum weltvergessenen Daniel Düsentrieb reicht. In Zukunft wird die Akzeptanz von Computermodellen als Technikdemonstratoren steigen, wenn auch wir von rein synthetischen Demonstratoren in der (experimentellen) Archäologie noch weit entfernt sind. Das Forschungsvorhaben MuLAB könnte auf dem Weg zu einer „Computerexperimentellen Archäologie“ einen bedeutsamen Beitrag leisten.

Status des Teilprojektes **MuLAB.CC-Rigg.**

MuLAB.CC-Rigg. Natürlich gibt es so einige Exponate in Berliner Museen zu betrachten, die eine größere Aufmerksamkeit auf sich ziehen. Ein ganz besonderes Objekt ist das Segel der neuseeländischen Auslegerkanus. Nach Jahren der Restauration sind die polynesischen Segelboote wieder Ausstellungsgegenstand des für den Besucher sichtbaren Teils der Sammlung des Ethnologischen Museums in Berlin-Dahlem.

Das Krabbenscherensegel (crabs claw sail, CC-Rigg) stammt aus Polynesien. Es hat eine Dreiecksform und wird auf Auslegerkanus (Proas) verwendet. Als der holländische Seefahrer und Entdecker Abel Tasman (*1603, †1659) im Jahre 1642 als erster Europäer Neuseeland erreichte war die Technik der Proas, durch mündliche Überlieferung und Werk schon seit hunderten von Jahren, wenn nicht seit Jahrtausenden entwickelt und etabliert. Variationen der Krabbenscherensegel werden auf 2000 bis 2700 Jahre vor unserer Zeitrechnung datiert (Fundorte an der Westküste Perus). Die exzellente Technik der Polynesier und der Völker des pazifischen Raums, insbesondere die Navigations- und Schiffstechnik wurde von den Entdeckern in ihrer Leistungsfähigkeit vollkommen unterschätzt und missachtet, weil sie den Konstruktionsparadigmen der alten Welt dieser Zeit nicht entsprach. Erst in jüngerer Zeit wurden theoretische Erklärungen der physikalischen Wirkungsweise und messtechnische Untersuchungen zur Leistungsermittlung der Krabbenscherensegel unternommen (siehe auch: Marchaj, C. A. *Sail Performance: Techniques to Maximise Sail Power.* Die Ergebnisse rezenter Forschung legen den Schluss nahe, dass von einem erheblichen Leistungs- und Effizienzpotential der Krabbenscherensegel ausgegangen werden muss. Allerdings geht die (nahezu ausschließlich) bekannt gewordene Forschung von der Interpretation des Krabbenscheren-Riggs als "Delta-Tragfläche" aus. Dies trifft für eine ganz bestimmte Betriebsart dieser Segel zu (geneigt liegende Dreiecksform, am Wind gefahren). In historischen Überlieferungen, Zeichnungen, Graphiken und Stichen wird aber häufig die aufrecht stehende Dreiecksform der Krabbenscherensegel im Betrieb, am Wind und vor dem Wind gefahren, wiedergegeben.

Die Argumentation zur aerodynamischen Wirksamkeit der Krabbenscherensegel als geneigt liegende dreieckige Deltaflügelform (am Wind gefahren) ist Stand der Wissenschaft und kann der einschlägigen Literatur entnommen werden [Marc-64] [Marc-97] [Marc-00]. Für die Argumentation zur aerodynamischen Wirksamkeit der Krabbenscherensegel als im Betrieb aufrecht stehende Dreiecksform der Krabbenscherensegel, am Wind und vor dem Wind gefahren, ist die so genannte Wirbelspulentheorie heranzuziehen, die (1) ebenfalls Stand der Wissenschaft ist, aber (2) nicht zum Standardrepertoire der klassischen Strömungslehre zählt, jedoch (3) hinreichend den physikalischen Hintergrund für die Wirkungsweise der Krabbenscherensegel bildet.

Wirbelspulenphänomenologie. Nach der Tragflügeltheorie von Kutta-Jankowski[5] hängt die Auftriebskraft einer umströmten Tragfläche alleine von der Zirkulation ab Überlagern sich an einem Strömungskörper (bei einer zweidimensionalen Modellvorstellung in der Profilebene des Strömungskörpers) ein translatorisches und ein rotatorisches Strömungsfeld, kommt es infolge der Zirkulation um diesen Körper zu Verzögerung der Strömung auf der einen und zu einer Beschleunigung der Strömung auf der anderen Seite. Nach der Bernoullischen Gleichung führt die Beschleunigung zu einer Druckminderung, die Verzögerung zu einer Druckerhöhung, was im Falle eines Tragflügels als Auftriebskraft spürbar wird. Für einen angeströmten, endlichen Tragflügel ist die Auftriebskraft elliptisch über den Auftrieb erzeugenden Körper verteilt. Infolge des Druckgradienten kommt es am materiellen Ende der Tragfläche zu einer Umströmung der Tragflächenkante. Im Nachlauf der Kantenumströmung bildet sich nun ein kompakter Wirbel aus, der als durch den Druckgradienten induzierter Randwirbel in der Literatur beschrieben wird. Der induzierte Randwirbel bindet einen erheblichen Anteil der zur Erzeugung der Auftriebskräfte des Systems aufgebrachten Energie. Der Wirbelzopf im Nachlauf einer Auftrieb erzeugenden Tragfläche ist sehr stabil. In Strömungsuntersuchungen am Windkanal aber auch durch numerische Strömungssimulationsrechnungen kann das Umströmungs-gebaren an den

[5] Der Satz von Kutta-Joukowski nach anderer Transkription auch Kutta-Schukowski, Kutta-Zhoukovski oder englisch Kutta-Zhukovsky, beschreibt in der Strömungslehre die Proportionalität des dynamischen Auftriebs zur Zirkulation.

Enden Auftrieb erzeugender Strömungskörper sichtbar gemacht werden. Jeder durch das Auftriebsgebaren einer Tragflügelfläche induzierter Wirbelzopf ist idealer Weise hinsichtlich seiner Geschwindigkeitsverteilung in seinem Querschnitt kompakt und bildet ein graduelles rotatorisches Fernfeld aus. Existieren zwei oder mehr kompakte Wirbelzöpfe gleicher Drehrichtung und ähnlicher, in einem günstigen Fall, gleicher Intensität, beginnen die Wirbelzöpfe im Nachlauf ihres Entstehungsortes um ein gemeinsames Zentrum zu rotieren. Ein schraubenartiges Wirbelspulengebilde entsteht. Während die Wirbelzöpfe auf dem Mantel der Wirbelspule stromabwärts um eine gemeinsame zentrale Achse rotieren bildet sich innerhalb der Wirbelspule entlang des zentralen (gedachten) Stromfadens eine beschleunigte Strömung aus, die nach außen durch den Wirbelmantel begrenzt und geführt wird und in ihrem inneren Strömungsprofil rotorfrei ist. Dieses als „Wirbelspuleneffekt" bezeichnete Phänomen wurde in den 70er und 80er Jahren des vergangenen Jahrhunderts durch messtechnische Untersuchungen belegt, eine Theorie der Wirbelspule entwickelt und von Ingo Rechenberg in Berlin eine Windkraftanlage patentiert [Rech-85] [Rech-85] [www-11] [www-12] [www-13]. Die Beschleunigung der Strömung innerhalb der Wirbelspule ist intensiv; die Geschwindigkeiten können gegenüber der den Wirbelspuleneffekt hervorrufenden Flügelumströmung mehr als den dreifachen Wert annehmen. Aus Windkanalmessungen ist bekannt, dass zu einer den Auftrieb generierende Tragflächen der kumulierten Tragflügeltiefe t erzeugte Wirbelspule stromabwärts eine Länge von L>10t hinweg stabil existiert und über die gesamte Distanz einen rotorfreien Strömungs-Jet produziert. Das Geschwindigkeitsniveau der Innenströmung kann derart ansteigen, dass aufgrund der Druckabnahme im Jet (Bernoulli-Gleichung, Kontinuität) die umhüllende Mantelströmung implodieren kann und die den Effekt tragende Wirbelspule ihre schraubenförmige Struktur verliert und letztlich zerstört wird.

Im avisierten Teilprojekt MuLAB.CC-Rigg liegen zukünftig, mehr als bei den anderen Vorhabensteilen, die Forschungsfragen einerseits auf der Ebene der theoretischen Grundlagen, andererseits zielten die Vorarbeiten direkt auf eine technische Anwendung. Eine geschlossene Wirbelspulentheorie existiert derzeit nicht. Eine Phänomenologie der fluidmechanischen Wirbelspule existiert und ist auch experimentell hinterlegt. Genau hier setzt das avisierte Projekt **WSP** an.

Auf der Seite der Transformation in maritime Zukunftstechnik war das „Wirbelspuleneffekt nutzende Rigg für Segelsurfbretter" Gegenstand einer Erfindungsmeldung (2012) an die Beuth Hochschule für Technik. Die freigegebene Erfindung wurde als Gebrauchsmuster[6] angemeldet, kann in einer zukünftigen Bewerbung um Fördermittel als Vorleistung oder in den Dialog mit industriellen oder mittelständigen Kooperationspartnern eingebracht werden. Abschließen zitiere ich auszugsweise aus der Gebrauchsmusteranmeldung.

Problembeschreibung. *Das "Krabbescheren-Rigg" findet auf kleinen Booten und Jollen und versuchsweise gelegentlich auch auf größeren Einheiten Anwendung. Aufgrund spezieller bauart-bedingter Konstruktionseigenschaften des Surfbord-Riggs ist das Krabbescheren-Segel nicht ohne erhebliche zusätzliche technische Ausrüstung von einer Anwendung bei Segeljollen oder Segelyachten auf eine Anwendung für Segelsurfboards zu übertragen. Die Übertragung des Rigg-Prinzips der "Krabbescheren-Segel" auf eine Anwendung für Segelsurfboards ist offenbar deshalb bislang unterblieben, weil die Argumentation der Erklärung der physikalischen Wirksamkeit der "Krabben-scheren-Segel" nahezu ausschließlich auf der Deltaflügelphänomenologie fußt.*

Problemlösung. *Die Erfindung betrifft ein Rigg für Segelsurfbretter, bestehend aus einer textilen Tragflügelmembran und ein Führ- und Befestigungstragwerk. Das Rigg nutzt den so genannten Wirbelspuleneffekt. Das Grundprinzip der Segelgeometrie ist dem so genannten "Krabbescheren-Rigg", einer historischen Segelform der polynesischen Proas, ähnlich und nachempfunden. Befestigungs- und Bedienelemente sind denen eines Segelsurf-Riggs ähnlich. Alle Bauteile sind von einem durchschnittlichen Fachmann mit Werkzeugen und Technologien vom Stand der Technik fertigbar. Als Alternative zu einem Segelsurf-Rigg vom Stand der Technik ist das den Wirbelspulen-effekt nutzende Segel wirtschaftlich verwertbar.*

Erzielbare Vorteile. *Der Druckpunkt der aerodynamischen Kräfte liegt bei einem Segelsurfrigg in Krabbescheren-Konfiguration im oberen Drittel der Tragflächengeometrie. Dies hat erhebliche Vorteile bei der Ausnutzung der aerodynamischen Kräfte. Da die Befestigungs- und Bedienelemente denen eines Segelsurf-Riggs ähnlich sind, ist die Handhabung des Segel-Riggs gutmütig und das gesamte Segelfahrzeug auch von einem ungeübten Sportler leicht bedienbar. Eine wirtschaftliche Verwertbarkeit ist gegeben. Durch die bauartbedingte Geometrie des Wirbelspuleneffekt nutzenden Segels werden die auftriebsbedingten Randwirbel zu einer Verminderung des induzierten Wider-stands, der als Folge des Auftriebsgebarens des Segels entsteht, genutzt. Dies kommt dem Gesamtwirkungsgrad des Segelfahrzeugs zugute.*

---

[6] Wirbelspuleneffekt nutzendes Rigg für Segelsurfbretter. (GM240). Gebrauchsmuster-NR: 20 2013 007 167.2, IPC: B63H 9/06

Aufbau, bauliche Ausführung und Wirkungsweise. *Das in den skizzenhaften Darstellungen, den schematischen Abbildungen Figur 1 und Figur 2 dargestellte Surfboard, der Bootskörper B ist nicht Gegenstand der Erfindung und dient in den Abbildungen lediglich als erklärender Kontext. Der bewegliche Mastfuß MF, schematisch dargestellt in Figur 2 und Figur 3, ist ein handelsübliches Kaufteil. Es sind polymerelastische oder kardangelenkige Ausführungen vom Stand der Technik mit einer halbkugelförmigen Bewegungsfreiheit auszuwählen.*

Das den Wirbelspuleneffekt nutzende Rigg für Segelsurfbretter, nachfolgend einfach Rigg genannt, bestehend aus den Hauptkomponenten der Mastenbasis Y, dem Segelführbaum G, den beiden Masten M1 und M2 und aus einer textilen Tragflügelmembran, dem Segeltuch F bilden eine organisatorische und konstruktive Einheit. Die Hauptkomponenten sind in den skizzenhaften Darstellungen, den schematischen Abbildungen Figur 1 und Figur 2 zu ersehen. Die textile Tragflügelmembran, das Segeltuch F wird oben vom Oberliek OL, unten vom Unterliek UL und an den Seiten von den beiden Lieken L begrenzt wie aus der schematischen Abbildung Figur 1 ersichtlich. Die textile Tragflügelmembran besitzt an den Lieken L jeweils eine taschenförmige Kammer T1 und T2. Die taschenförmige Kammer T1 führt den Mast M1 und die Kammer T2 führt den Mast M2. Die textile Tragflügelmembran wird genäht. An den beiden Mast-Tops der Masten M1 und M2 sind die beiden taschenförmigen Kammern T1 und T2 geschlossen, so dass die Mastspitzen in den Kammertaschen lagern. Auf der Höhe des Segelführbaums G besitzt die Tragflügelmembran F auf jeder Seite eine Aussparung, die Montagezwecken dient und gegebenenfalls mit verstärkten Nähten ausgestattet werden kann. In der schematischen Darstellung Figur 4 ist der Segelführbaum G in einer Draufsicht gemäß dem Schnitt A1 - A2 in der schematischen Darstellung Figur 2 dargestellt. Mit dem Segelführbaum G wird das Rigg vom Bediener geführt. Der Segelführbaum G besitzt eine flachelliptische Grundform und ist an dem jeweiligen spitzen Ende (dem Segelführbaumhorn) mit einer Materialverstärkung versehen.

Die Masten M1 und M2 und die textile Tragflügelmembran F erscheinen als Schnitt, die Kloben R1 und R2 sind in einer Draufsicht zu sehen. An den Mast M1 greift die Klobe R1 an. An den Mast M2 greift die Klobe R2 an. Die Kloben können so ausgeführt werden, dass sie einerseits Tampen als Tragflächenstrecker TR in der Art eines Flaschenzugs aufnehmen und in einer in der Yacht- und Surfboardtechnik üblichen Weise führen können. Desgleichen ist in der schematischen Skizze Figur 4 eine handelsübliche Schotenklemme graphisch angedeutet. Die Kloben R1 und R2 sind kraftschlüssig in einer in der Surfboardtechnik üblichen Weise an den Mast M1 bzw. M2 gefügt. Der

Segelführbaum G dient somit auch dem (horizontalen) Trimmen des Riggs. Die Mastenbasis Y ist ein komplexes Bauteil, das urformend aus einem hochfesten Kunststoff hergestellt werden kann. Die Mastaufnehmerhülse MA1 und Mastaufnehmerhülse MA2 können in einer hochwertigen Ausführung mit einem metallische Inlet ausgestattet werden, wie in der schematischen Darstellung Figur 3 dargestellt. In der Mastenbasis Y nimmt die Mastaufnehmerhülse MA1 den Mast M1 auf; die Mastaufnehmerhülse MA2 nimmt den Mast M2 auf. Die Mastenbasis Y stellt die mechanische Kopplung zum (handelsüblichen Kaufteil) Mastfuß MF her, der nicht Gegenstand der Erfindung ist. Dazu dient der Mastfußbolzen MFB, der je nach Ausführung des Mastfußes formschlüssig gefügt Teil von diesem ist und zur Montage in die Mastenbasis Y gefügt wird, oder formschlüssig gefügter Teil der Mastenbasis Y ist und in den handelsüblichen Mastfuß gesteckt wird. Mastaufnehmerhülse MA1 und Mastaufnehmerhülse MA2 spannen den für die Mastenbasis Y signifikanten Gabelwinkel β auf, wie in der schematischen Darstellung Figur 3 dargestellt. Mit dem Gabelwinkel β wird zugleich der Typ, die mechanische Vorspannung und der Schlankheitsgrad der Gesamtkonstruktion festgelegt. Der Gabelwinkel β kann von der speziellen Betriebseinsatz abhängig und nach den Vorgaben des Konstrukteurs variiert werden. Die Mastenbasis Y besitzt zwei Bohrungen für die Liekenstrecker der textilen Tragflügelmembran F. Um das Rigg in Vertikaler Richtung zu trimmen kann aus die Mastbasis eine handelsübliche Schotenklemme angebracht werden, die einen Trimmtampen S fixiert, der durch die jeweilige Bohrungen in der Mastenbasis Y und der entsprechenden Kausch K in der Segelmembran geschoren wird, wie in der Darstellung Figur 2 schematischen dargestellt ist.

Die Segelmembran F ist aus handelsüblichen Materialien für Yachtsegel oder Surfsegel maschinell oder per Handarbeit zu fertigen. Lieken und Taschen sind mit Verstärkungen auszuführen. Der Segelführbaum G kann in einer in der Bootsbaubranche klassischen Weise aus Holz gefertigt werden oder aus Halbzeugen gefügt, wie es bei handelsüblichen Gabelbäumen für Surfboards Stand der Technik ist. Die Masten M1 und M2 sind biegeelastisch und können aus faserverstärktem Kunststoff gefertigt oder als handelsübliche Halbzeuge verbaut werden. Naturmaterialien wie etwa Bambus können eingesetzt werden.

Wirkungsweise. *In Verbindung mit einem handelsüblichen Surfboard nach Stand der Technik bildet das Rigg ein einfach zu bedienendes kleines Segelseefahrzeug aus. Auf einem Amwindkurs, bei raumigen Wind oder einem Kurs vor dem Wind wird das Rigg aufrecht stehend betrieben. Durch die*

Gelenkigkeit des (handelsüblichen) Mastfußes kann das Rigg aber auch extrem geneigt werden um beispielsweise einen raumigen Kurs zu fahren.
In aufrechter Fahrweise mit senkrecht stehendem Rigg und einem zur Anströmung günstigen Anstellwinkel produziert die Segelmembran eine aerodynamische Querkraft aus, die zum Vortrieb genutzt wird. Wie in der Recherche zur physikalischen Wirksamkeit in den Ausführungen zum Stand der Technik beschrieben, kommt es infolge der speziellen und der Erfindung gemäßen Geometrie des Riggs, zur Ausbildung von zwei in gleicher Rotationsrichtung drehenden induzierten Randwirbeln. Diese wiederum bilden im Nachlauf der Strömung eine fluiddynamisch wirksame Wirbelspule, die ihrerseits einen rotationsfreien Jet erzeugt, wie oben beschrieben. Unabhängig von der physikalischen Wirksamkeit der Vorrichtung ist das den Wirbelspuleneffekt nutzende Rigg ein sehr Einfaches.

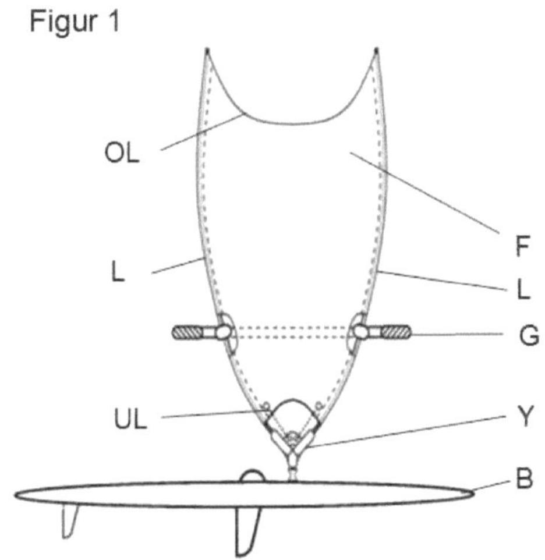

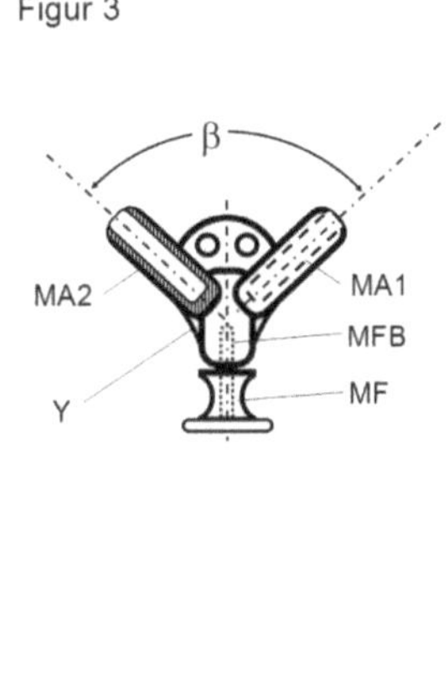

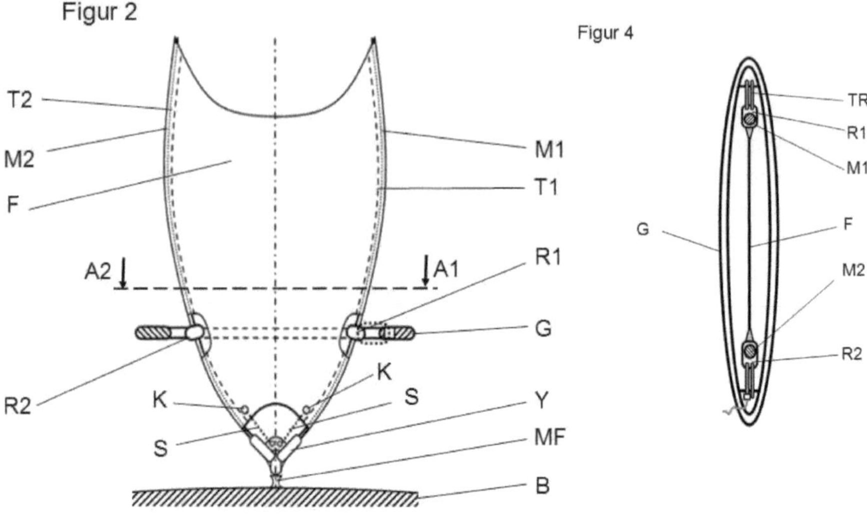

[Marc-64] Marchaj, C. A. (1964) "Sailing Theory and Practice"', Adlard Coles Nautical, 1964, Library of Congress Catalogue Card Number 64-13694.

[Marc-86] Marchaj, C. A. *(1986) Seaworthiness: the forgotten factor*, ISBN 0-87742-227-3

[Marc-97] Marchaj, C. A. (1997) Die Aerodynamik der Segel. Bielefeld: Delius Klasing.

[Marc-00] Marchaj, C. A. *(2000) Aero-hydrodynamics of sailing*, ISBN 0-229-98652-8

[Marc-03] Marchaj, C. A. *(2003) Sail performance: techniques to maximize sail power*, ISBN 0-07-141310-3

[Nach-02] Werner Nachtigall (2002) Bionik. Grundlagen und Beispiele für Ingenieure und Naturwissenschaftler. Springer Berlin Heidelberg New York ISBN 3-540-43660

[Rech-73] Rechenberg,-I.: Evolutionsstrategie. Stuttgart-Bad Cannstatt: Friedrich Frommann Verlag 1973.

[Rech-85] DE3330899 (A1) 1985-03-14. Arrangement for increasing the speed of a gas or liquid flow.

[www-11] http://www.bionik.tu-berlin.de/institut/s2foshow/show.php?show=BerwSpul (Aufruf 01072013)

[www-12] http://www.bionik.tu-berlin.de/institut/xs2foshow/list.html (Aufruf 01072013)

[www-13] http://www.bionik.tu-berlin.de/ (Aufruf 01072013)

Zum Teilprojekt **MuLAB.Paddel** und zum Priojekt **VTT (Virtual Towing Tank).**

Sich mit Paddel zu beschäftigen, lag nicht unbedingt auf der Hand. Oder vielleicht doch. Bioniker beschäftigen sich mit elastischen, sich der Strömung anpassenden und in der Regel hochoptimierten Systemen. Fischflossen etwa nahmen einen beachtlichen Raum ein in den Köpfen, in den unzähligen Diskursen und Dialogen, die wir in der BIONIC RESEARCH UNIT spätestens mit der Forschungslinie „i-mech" so um 2003 herum führten. Wie bereits erörtert ging und geht es bei i-mech um die „intelligente Mechanik" strömungsadaptiver Systeme in der belebten Natur und – weil es sich ja um Bionik handelt – in der anwendungsorientierten Technik. Der wahre Ursprung des hier vorgestellten Teilprojekts MuLAB.Paddel ist aber ein paar Jahre früher zu datieren. In der der SCIENTIFIC AMERICAN erscheint etwa zur Jahrhundertwende ein Artikel von George Dyson mit dem Titel „Baidarka" und in der September-Ausgabe 2000 in der SPEKTRUM DER WISSENSCHAFT die deutsche Fassung[7] des Aufsatzes. Sowohl über Dyson, als auch die Umstände seiner Forschung gäbe es an dieser Stelle eine Menge zu erzählen, was ich dem (hierfür sicher dankbaren) Leser nur beinahe ersparen möchte. Dyson sorgte ers vor ein paar Jahren wieder für Unruhe, als er anlässlich des hundertsten Geburtstags Turings dessen Werk würdigte und die Umstände seines Suizids in aller Öffentlichkeit erörterte. Um die Veröffentlichung seiner Forschungsergebnisse musste der damals noch junge Professor über zehn Jahre lang kämpfen und auch im Jahre 2000 war man Seitens der amerikanischen Regierung Clintons nicht erfreut, auf den Völkermord an den Aleuteneskimos angesprochen zu werden, galten doch „inneramerikanisch gesehen" immer die Russen als Täter und Alaska als glücklich befreit. „Die Baidarka" stellte für mich persönlich den Beginn einer Auseinandersetzung mit Technik und Techniken der in unseren Breiten wenig bekannten maritimen Kultur dar, den Bootsbaukünsten der Aleuteneskimos. Da auch eine weitere Forschungslinie (Virtual Towing Tank, VTT, siehe weiter unten) von der Forschung Dysons inspiriert ist, gestatte ich mir eine etwas länglichere Ausführung zum Thema.

Die Beschäftigung mit kulturhistorischen Fragestellungen war für mich ein Novum. Bioniker sind mit der der Übertragung von Phänomenen der belebten und unbelebten Natur in Technik befasst. Die Analyse biologischer Systeme erfordert zunächst eine naturwissen-schaftliche Herangehensweise, die im

[7] George B. Dyson (2000) Das Kajak der Aleuten. In: SPEKTRUM DER WISSENSCHAFT, Nr. Sept. 2000, S.76-83

tradierten, klassischen Sinn differenziert angelegt, mehr und mehr einer ganzheitlichen Sicht weicht. Warum nun befassen sich Bioniker mit der Technik der Eskimos? Nun, eine zweckmäßige Argumentation wäre zunächst einmal eine Forschung zur Überprüfung der Universalität der bionischen Herangehensweise: Sind Methoden der Bionik geeignet, beliebige Übertragungs-Fragestellungen erfolgreich zu behandeln?
Ich stelle mir vor: Jemand gräbt einen Artefakten, ein Amulett, eine Waffe, eine Behausung, ein Boot, ein Flugzeug, eine Zeitmaschine, eine fliegende Untertasse oder was auch immer, einer unbekannten, vielleicht lange untergegangenen oder fremden oder außerirdischen Kultur aus und stellt ihn – den Artefakten – vollständig in Frage mit dem Ziel, das Vorgefundene auf rezente Technik zu übertragen. Diese Vorstellung ist nicht etwa deshalb unrealistisch, weil es derzeit keine ausgegrabenen, vormals flugfähigen Untertassen in Galerien und Museen zu bestaunen gibt, sondern weil, unabhängig vom vorgefundenen Artefakten, aufgrund einer unsichtbaren Schere im Kopf des Grabenden nur ein unattraktiv kleiner Teil der Wirklichkeit und ein noch viel kleinerer Teil der tatsächlichen Realität überhaupt das analysierende Labor erreicht. Warum nur, nähern wir uns einer prähistorischen Waffe anders als einer (uns bislang) unbekannten Tierart?

Beobachtungen und Spekulationen. 28. Juni 1778. Der Seefahrer und Entdecker James Cook fährt mit seinem Segelschiff Endeavour unter Vollzeug bei einer strengen Tide von 8 Knoten aus dem Unalga Pass im westlichen Alaska. Es wird eine Landmarkenpeilung und eine genaue Messung der Schiffsgeschwindigkeit nach Stand der Technik mit Knotenlogge durchgeführt, wie es damals und heute guter Seemannschaft entspricht. Cook hält dies später für erwähnenswert, weil er zu dieser Zeit ernsthaft befürchtet, mit der Endeavour von der starken Tidenströmung zurückgetragen zu werden. In unmittelbarer Nähe des großen Vollschiffs halten sich einhei-mische Kajakfahrer auf dem aufgewühltem Gewässer auf. Beobachtet und dokumentiert wird, dass die Alaskaeskimos mit ihren wendigen Kajaks (von russischen Handelsseefahrern als „Baidarka“ bezeichnet) keinerlei Mühe haben, mit der Geschwindigkeit der Endeavour (6 Knoten durch das Wasser, umgerechnet 3.1 [m/s]) mitzuhalten. Die Cook'sche Berichterstat-tung lässt offen, wie und von welcher Art die Ansprache mit (der Informationsaustausch zwischen) den vermeintlich primitiven Ureinwohnern und den hochkultivierten Vertretern der britischen Krone zu dieser Zeit ist. Die Endeavour war 368 BRT groß, wegen ihres ursprünglichen Verwendungszwecks als Kohlenschiff sehr völlig gebaut und dadurch langsam, aber mit einem für Expeditionen in unbekannte Gewässer praktischen, flachen Rumpf, der es erlaubte, das Schiff

zur Not für Reparaturen auf den Strand zu setzen. Der große Laderaum fasste Proviant und Ausrüstung für 18 Monate.
Zurück in das Jahr 1778. Alleine der Umstand, dass ein so kurzes Boot wie das Kajak der hier im fernen Alaska ureinwohnenden und als wenig kultiviert eingeschätzten, ja primitiv geltenden Eskimos ein so langes Schiff wie die Endevaour an Fahrleistung übertrifft, sorgt für aufrichtiges Erstaunen. Offenbar wird an diesem Tag die alte und seit Ewigkeiten gültige Faustformel aller Seefahrer: „Länge läuft" von diesen kurzen (in heutigen Maßeinheiten vier bis fünf Meter langen), von Muskelkraft getriebenen, aus Knochenstückchen und Tierhaut gefertigten Einmannbooten außer Kraft gesetzt.

Cooks Angaben dürften als sichere Quelle gelten und blieben nicht die einzige Notiz zu den Fahrleistungen der Baidarka. In seiner grundlegenden Arbeit zu den Seefahrzeugen der Aleuteneskimos, „Form and Funktion of the Baidarka, The Framework of Design" aus dem Jahre 1991 gibt George B. Dyson weitere Quellen von Originalberichten über die beobachtete Rumpfgeschwindigkeit der Aleutenkajaks an [Dys-91]. So etwa dokumentiert einige Jahre nach Cooks Bericht (1790) wird von Gavill Sarycev dokumentiert, dass einheimische Kajakfahrer ein schnelles Handelsschiff das mit einer gemessenen Geschwindigkeit von „four leagues an hour", einholten und offenbar mühelos überfuhren. Wie sind diese erstaunlichen Fahrleistungen zu erklären? „Four leagues an hour", das entspricht einer Geschwindigkeit von 10 Knoten oder 5.1 [m/s])!

In diesem Dossier trage ich ein einige bereits veröffentlichte Informationen zu der Technik und den strömungsdynamischen Besonderheiten der Aleautenkajaks zusammen und werde diese um einige weitere Spekulationen ergänzen. Die dokumentierten Daten über die Fahrleistungen werden in die heute gebräuchlichen Maßeinheiten übertragen und später in diesem Aufsatz denen moderner Rennkajaks gegenübergestellt. Es wird dann zu diskutieren sein, welchen tatsächlichen Rang das Aleutenkajak gegenüber dem rezenten Stand der Technik einnimmt, immer vor dem Hintergrund, dass Wettkampfkajaks keineswegs seetauglich sind, als Arbeitsgerät dienen könnten, noch durch „dynamisch wirksamen Ballast" ausgetrimmt werden können oder sollten, wie es bei den Aleutenkajaks der Fall war.
Mit der nach damaligen und heutigen Maßstäben das Völkerrecht verachtenden Ausrottung der Alaskaeskimos, die durchaus sowohl den russischen als auch den späteren amerikanischen Wirtschaftsinteressen dienlich war, wurde auch die Technik und maritime Hochkultur der Ureinwohner Alaskas nahezu vollständig vernichtet. Rezente Nachbauten der Baidarka tragen viele aber eben nicht alle gestalterischen Merkmale der

ursprünglichen Konstruktionen. Es scheint bezeichnend für moderne Ingenieure und Bootsbauer zu sein, dass sie in den tradierten in erster Linie europäischen Auffassungen über seegängige Boote und Schiffe verharren - selbst in der Replik. Der Moderne Bootsfahrer kann sich offenbar keinen Vorteil beweglicher Bootsrümpfe gegenüber den tradierten starren Ausführungen ausmalen. Und will es wohl auch nicht. Beweglicher Rumpf, biegbar, auslenkbar, schwing-ungsfähig, belastungs- und frequenzadaptiv: passt sich der Wellenbewegung an. Bildet eine Einheit mit dem Fahrer! Weshalb nur soll eine Bootshülle die Wellenbewegung adaptieren?
Für die Baidarka gibt es keine Baupläne. Keine überlieferten Daten. Keine Bauanleitungen, die in einer für den modernen Menschen verwertbaren Form vorliegen. Und Überhaupt: wir wissen eigentlich nichts über Eskimos!
Die Geschichte der Besiedelung Alaskas reicht bis in die Altsteinzeit zurück. Die frühesten Bewohner waren asiatische Gruppen die zwischen 16.000 und 10.000 v. Chr. in den Westen Alaskas zogen. Vor der Ankunft der russischen Siedler lebten in Alaska die Inuit und andere indigene Völker. Und überdies: Die meisten präkolumbischen Völker des amerikanischen Kontinents kamen die über Beringia und die Beringbrücke des heutigen West-Alaska auf den Kontinent.

Der größte Teil der dokumentierten Geschichte Alaskas beginnt mit der europäischen Besiedlung. Die ersten schriftlichen Dokumente zeigen, dass die ersten Europäer in Alaska aus Russland kamen. 1648 durchquerten russische Händler die Beringstraße, ohne jedoch den amerikanischen Kontinent zu sichten. 1741 gelang der Expedition des dänischen Navigator Vitus Bering im Dienst der russischen Marine die erste gesicherte Landung auf dem amerikanischen Kontinent. Die britische Besiedlung in Alaska beschränkte sich auf einige verstreute Handelsposten, wobei die meisten Siedler über den Seeweg kamen. Kapitän James Cook segelte im Laufe seiner dritten und letzten Forschungsreise 1778 an Bord der Resolution entlang der Westküste Nordamerikas und kartierte die Küste von Kalifornien bis zur Beringstrasse. Diese erwies sich als unpassierbar, obwohl es die Resolution und ihr Begleitschiff, die HMS Discovery mehrmals versuchten. Die Schiffe kehrten 1779 nach Hawaii zurück. Während Cooks Besuch auf der Suche nach der Nordwestpassage versuchten die Russen, ihn mit dem Ausmaß ihrer Kontrolle über die Region zu beeindrucken, aber Cook hielt sie für eine unbedeutende Gruppe von zwielichtigen Jägern und Händlern.
Finanzielle Schwierigkeiten in Russland, der Wunsch, Alaska nicht den Briten in die Hände fallen zu lassen und die geringen Profite des Handels mit Siedlern in Alaska trugen zum russischen Vorhaben bei, die Besitztümer in Nordamerika zu verkaufen. Die Geschichte Alaskas als Teil der USA begann 1867. Weg für

Alaskas Aufnahme in die USA als 49. Bundesstaat Nachdem die USA Alaska von Russland gekauft hatten, hissten sie am 18. Oktober 1867 dort ihre Fahne; heute feiert man an diesem Tag den *Alaska Day*.

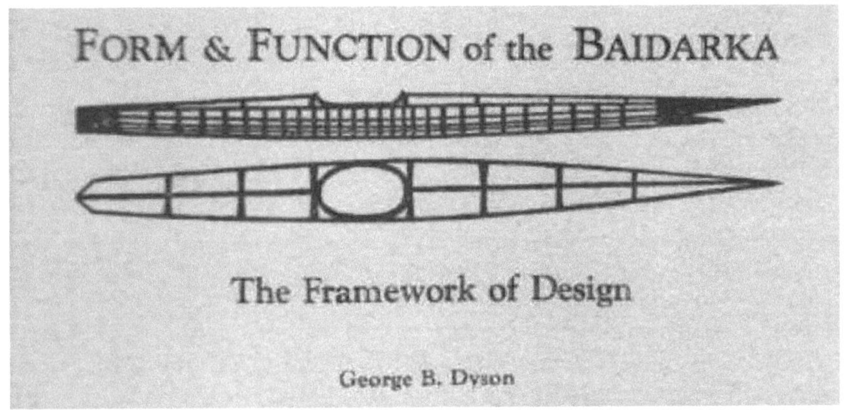

Spekulative Analyse der Technik der Aleutenkajaks. George B. Dyson ist Präsident der Baidarka Historical Society in Bellingham, Washington und veröffentlichte 2000 in der Zeitschrift SPEKTRUM DER WISSENSCHAFT umfangreiche Informationen zu der Technik und den strömungsdynamischen Eigenheiten der Kajaks der Eskimos Westalaskas [Dys-00]. Diese seegängigen Kajaks hielten den rauen Gewässern des Nordpazifik stand, waren zum Transport von Lasten geeignet und besaßen einige fluidmechanische Besonderheiten, deren technische Bedeutung sowohl von den zeitgenös-sigen Beobachtern und Berichterstattern unterschätzt als auch nach heutigen Maßstäben wissenschaftlicher Untersuchungen als schlecht erforscht gelten dürften. In ihrer Eigenschaft als Schiffskörper besitzen die hochflexiblen Baidarkas eine innere Strukturierung, deren dynamisches Betriebsverhalten unter mechanischer und fluidischer Belastung für zukünftige Entwicklungen in der maritimen Technik speziell und im Strömungsmaschinenbau allgemein von großer Bedeutung sein könnte und deshalb einer qualitativen und quantitativen Analyse bedarf. Für diese Aufgabe sind im Rahmen zukünftiger Forschungsvorhaben Prozessketten zu entwickeln, welche die numerischen Lösungen von Körperverformung (Finite Element Method, FEM) und Strömungsgebiet (computational fluid dynamics, CFD) in einem gemeinsamen Simulationsansatz (fluid structure interaction, FSI) miteinander koppelt.

Survey. Tragen wir zunächst die Erkenntnisse der Baidarka-Forschung, insbesondere der Baidarka Historical Society, Bellingham / Wash. zusammen;

George B. Dyson [Dys-00] schreibt in der deutschsprachigen Ausgabe der Scientific Amarican:

„Die Biegsamkeit der frühen Baidarkas beruhte zu einem guten Teil auf Lagerpfannen aus Walross-Elfenbein, die das Bootsgerüst wie künstliche Gelenke zusammenhielten. ...

Die meisten Baidarkas besaßen segmentierte, dreiteilige Kiele. Die Abschnitte waren so miteinander verbunden, dass sich der Kiel frei dehnen und zusammenziehen konnte. Dadurch konnte sich das Kajak im Ganzen umgehindert biegen; nur die Steifigkeit des Bootsrandes schränkte diese Bewegungsfreiheit ein. ...

Plausibel – wenn auch nicht unumstritten – erscheint, dass die Flexibilität der Baidarkas unter bestimmten Umständen den Wasserwiderstand herabsetzen konnte. Oder anders formuliert: dass die Energie, die zum Wegdrücken entgegenkommender Wellen erforderlich ist, durch die Biegsamkeit des Bootes vermindert werden konnte. Anschaulich lässt sich dies nachvollziehen, indem man sich vorstellt, wie die Wellenenergie elastisch durch das Skelett eines Bootes hindurchfließt. Ein flexibles Kajak, das sich über eine wogende Oberfläche bewegt, schwingt in Übereinstimmung mit der Periode der Wellen. Der einfachste Schwingungsmodus ist dabei die vertikale Oszillation mit zwei Schwingungsknoten: Beide Kajak-Enden werden nach oben abgelenkt, während die Mitte nach unten schwingt – und umgekehrt. ...

„Genauso gut aber könnten die Aleuten mit sämtlichen Maßnahmen, die der Erhöhung der Flexibilität ihrer Boote dienten, auch nur einem rein mechanischen Problem begegnet sein: ihre Kajaks vor dem Auseinanderbrechen in wilder See zu bewahren. Bei einer elastischen Konstruktion können punktuell entstehende Spannungen über das gesamte Boot abfließen. Auf diese Weise wurden die außerordentlich leichten Materialien dieser Fahrzeuge nicht überstrapaziert."

„Die Schwingung des Bootes ist optimal an die Wellenperiode des Ozeans anzupassen. ... Aleutenkajaks führten Ballaststeine vorn und achtern im Boot mit. ... Es ist anzunehmen, dass der Ballast half, die Periode der Bootsschwingungen den Wellen anzupassen. Mit anderen Worten: Indem der Kanute die Lage der Steine variierte, konnte er das „Hüpfen" seines Bootes auf den Wellen verringern. Er passte dessen wellenförmige Bewegung der Frequenz der Wasserwellen an und sparte somit eigene Kräfte. Experimentell ist diese Hypothese allerdings bislang nicht überprüft worden."

„Ob die elastische Haut der Baidarka ihre Geschwindigkeit steigerte, ist noch schwieriger zu entscheiden. Tierhaut besitzt eine nicht-lineare Elastizität ....
Es bleibt die Vermutung, ob eine nachgiebige Haut die Reibung abschwächen kann, indem sie einen Teil der typischen Grenzflächen-Verwirbelungen bei turbulenter Strömung dämpft...

„Einmalig für Kajaks war an der Baidarka auch der gegabelte Bug. Bei den frühen Bootsformen sah dies aus wie ein weit geöffneter Mund. ... Im Betrieb ist vom Bug nur der obere Teil der Gabel zu erkennen; der untere verschwindet im Wasser. ... Der „Mundwinkel" des Kajaks lag genau auf Höhe der Wasseroberfläche. Warum der Bug gabelförmig geteilt war, dazu kursieren zahlreiche Hypothesen. ...
Über eine bestimmte Funktion herrscht aber Einigkeit. Der untere Bugteil schnitt wie ein Messer glatt durch das Wasser und verminderte dadurch Verwirbelungen. Der obere Teil sorgte ähnlich wie ein Wasserski für dynamischen Auftrieb; er verhindert, dass das Kajak mit der Spitze unter Wasser geriet.In gewissen Fällen kann ein hervorstehender unterer Bug auch phasenauslöschende Wirkungen haben ... Einfach ausgedrückt, erzeugt ein bewegtes Objekt, das von oben auf eine Wasseroberfläche drückt, eine Welle, die mit einem Wellenberg beginnt, während ein bewegtes Objekt, das von unten gegen die Oberfläche wirkt, eine Welle mit Wellental hervorruft. Am günstigsten ist es, wenn beide Wellensysteme einander auslöschen. ...
Vielleicht war der eigentliche Sinn des vorragenden unteren Bugs aber auch, den Rumpf des Bootes zu verlängern und ihm so unten schlankere Proportionen zu geben. Auch das verbessert die Fahreigenschaften. Die Rumpfgeschwindigkeit eines Bootes ist proportional der Länge seiner Wasserlinie ...
Der Wellen verursachende Widerstand wächst mit der vierten Potenz des Quotienten aus größter Schiffsbreite und Länge. Der verlängerte untere Bug vergrößerte die Länge der Wasserlinie und führte somit zu einer Erhöhung der Fahrgeschwindigkeit. Andererseits weist ein sehr schlanker Rumpf meist schlechte Fahreigenschaften bei Wellengang auf. Unter Umständen sollte der obere Bug der Baidarka gerade dies ausgleichen."

„Bei der Form des (gestutzten) Hecks der Baidarka ist der strömungsmechanische Zweck offensichtlicher: Wenn ein Kajak durch das Wasser schneidet, wird die Wasseroberfläche vom Bug zerteilt, vom Rumpf verdrängt und schließlich hinter dem Boot wieder ins Gleichgewicht gebracht ... Die Strecke, die das Wasser braucht, um in seinen schwerkraftbedingten Gleichgewichtszustand zurückzufinden, ist die Wellenlänge der

Eigenschwingung einer Oberflächenwelle, die genau mit der Geschwindigkeit des Bootes wandert. Bei einer bestimmten Geschwindigkeit erzeugt das Kajak eine Welle, die seiner eigenen Länge entspricht. Unterhalb dieser Grenzgeschwindigkeit fließt das Wasser glatt am Rumpf entlang ins Gleichgewicht zurück, wobei der Weg des geringsten Widerstandes durch ein spitz auslaufendes Heck definiert ist. Bei höherer Fahrtgeschwindigkeit dagegen findet das verdrängte Wasser erst hinter dem Kajak ins Gleichgewicht zurück. Dadurch entsteht ein Sog, der das Boot nach unten zieht – umso stärker, je schneller es fährt.

Um diesen ungewünschten Effekt auszuschalten, muss der hintere Teil eines Hochgeschwindigkeitskajaks eine spezielle Form aufweisen: Der Längsschnitt sollte einer Kurve von der Länge einer Welle ähneln, die mit der Fahrtgeschwindigkeit wandert. Auch sollte der hintere Teil „sehr abrupt" abbrechen. ...

Moderne schnelle Motor- und Segelboote wiesen diese Heckform fast immer auf. Bei Kajaks findet sie sich dagegen selten; Baidarkas bilden hier die Ausnahme."

In der Tabelle 3. habe ich die gemessenen Fahrleistungen einer Baidarka denen der Endeavour einerseits, modernen Kajaks unter Wettkampfbedingungen andererseits gegen-übergestellt. An Geschwindigkeit übertroffen wird die Baidarka nur durch die Weltrekordfahrt im 200m-Sprint in der olympischen Klasse K1 (Männer). Während Cooks Messung bei aufgewühlter See stattfand, werden olympische Wettfahrten generell in Glattwasser gefahren. Ob dies wirklich ein Vorteil ist, wissen wir heute nicht. Falls ein (flexibles) fluidisches System durch sein intelligente Gestalt in der Lage wäre, einer Oberflächenwelle Energie zu entziehen, bestünde immerhin die Option diese eingekoppelte Energie in Fahrt umzusetzen. Wellen und das Verformungsgebaren „Wellen adaptierender Strömungskörper" sind der Forschungsgegenstand im avisierten Vorhaben **VTT** (Virtual Towing Tank).

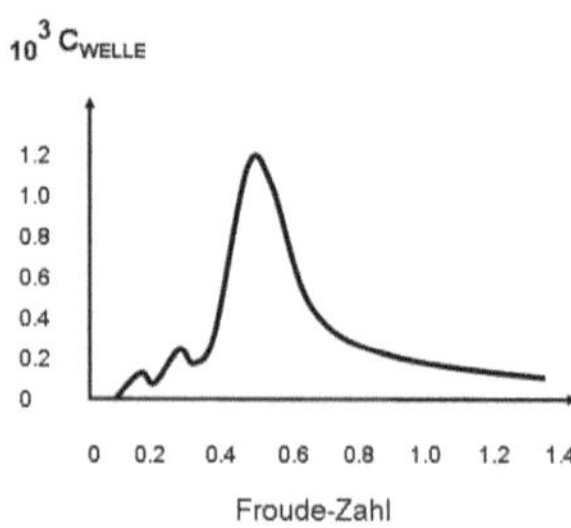

Im Zusammenhang mit dem Einfluß der Oberflächenwellen auf den Gesamtwiderstand des Seefahrzeugs ist die Froude-Zahl[8] von Bedeutung, die die bei einem durch Schiffe generierten Wellensystem induzierten Trägheitskräfte, die auf eine Oberfläche des Mediums wirken, zur herrschenden Schwerkraft ins Verhältnis setzt. Formal beschreibt die

[8] **William Froude** [fru:d] war englischer Schiffbauingenieur, Forscher und Mitglied der ehrwürdigen Royal Society. Froude war Zeitgenosse Carnots und Reynolds. Er starb 1879 im Alter von 68 Jahren in Simonstown, Südafrika.

Froude-Zahl das Verhältnis der Schiffsgeschwindigkeit v zu der Ausbreitungsgeschwindigkeit c jener Wellen, die beim Fortbewegen auf der Phasengrenze entstehen. Die Ausbreitungsgeschwindigkeit c der Welle ist bei genügend großen Wassertiefen eine Funktion der Wellenlänge λ. Die dort auftretenden Wellen heißen dispersiv.

$$c^2 = g\lambda / 2\pi \quad [m^2 s^{-2}]$$

Die entscheidende Wellenlänge ist bei Schiffen die Lücke zwischen Bug und Heck, also die Wasserlinienlänge L = λ/2π. Die Froude-Zahl als Verhältnis der Geschwindigkeit des Schiffes v zur Ausbreitungsgeschwindigkeit c der von diesem erzeugten Wellensystem.

$$Fr^2 = v^2 / c^2 \quad [-]$$

	Schiffsbeobachtungen und Messungen	**Jahr**	**Länge (üa) L [m]**	**Geschwindigkeit v [m/s]**	**Froude-Z. FRn [-]**
	Endeavour (Unalaska)	1790	39,7	5.0	0,25
	Baidarka	1790	4- 5,8	> 5.1	0,81 – 0,7
	Faltboot (Klepper)	1900 2012	3.9 4,5	1.8 2.4	0.29 0,36
	Rennkajak Inuk (Kirton(GB) Arctic Sea Kajak Race	2005	5,5	3,1	0,42
	Arctic Star 570 Gepäckfahrt Bremen Usedom	2004	5,7	2,4	0.32
	Rekordfahrten	**Jahr**	**Länge (üa) L [m]**	**Geschwindigkeit v [m/s]**	**Froude-Z. FRn [-]**
	Olympia-Kajak K1 (6000m, Köln)	2005	5,2	3,87	0,54
	Olympia-Kajak K1 (200m,Szeged)	1992	5,2	5.88	0,82
	Kritischer Rumpf	--	5	(v-max, theoret.) 7.0	1

Die Widerstandskraft, die überwunden werden muss, um ein Schiff im Fluid fortzubewegen, setzt sich aus einem Reibungsanteil und dem Wellen-widerstand zusammen. Der Reibungs-widerstand ist geschwindigkeits-abhängig und nimmt mit höherer Geschwindigkeit ab. Der Wellenwiderstands-beiwert steigt (mit mehreren lokalen Maxima) an. Der Wellenwiderstand eines Schiffskörpers steigt proportional mit der Energie, die für die Deformation der

Wasseroberfläche aufgebracht wird. Das Primärwellensystem stammt aus dem Druckgradienten entlang der Phasengrenzenkontur (Wasserlinie) des benetzten Schiffskörpers. Grundsätzlich gilt, dass sich eine Verringerung der Wellenhöhen positiv auf den Schiffswiderstand bemerkbar macht. Hinzu kommt, dass in die Berechnung des Wellenwiderstandes nicht nur die Höhe der Wellen eingehen, sondern auch der Winkel zur Schiffslängsachse, unter dem die Wellen generiert werden. Die hinter dem Heck entstehenden Querwellen leisten aufgrund ihres größeren Winkels einen deutlich größeren Beitrag zum Widerstand als etwa die Längswellen aus den Wellensystemen am Bug.

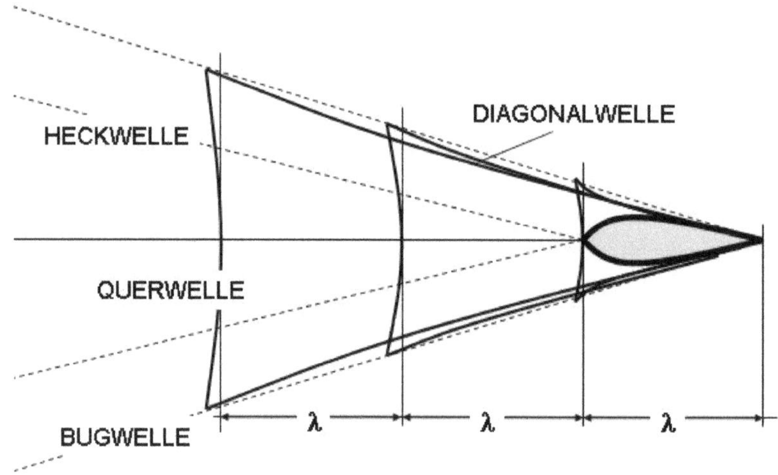

Deshalb sind hohe Querwellen signifikant schädlich. Da Querwellen bei Schleppversuchen in Versuchskanälen nicht zu erkennen sind, sollten mit Strömungssimulationen (z.B. potentialtheoretische Methoden, CFD) Wellenmuster modelliert, berechnet und anschaulich visualisiert werden. Die Berechnung des Wellenwiderstand aus der Analyse des Wellenmusters an der Wasseroberfläche ist kompliziert aber möglich. Dabei ist die Wellenbildung im Nahbereich der Störkontur und in deren Fernbereich zu untersuchen. Grundlage der Ermittlung der Integral- und Mittelwerte des Fahrwiderstands sind zusammengesetzte Wellenmuster aus Elementarwellensystemen, also der Superposition aus Längswellen, Querwellen und lokalen Wasserspiegelverformungen. Da nur Wellenanteile, die im Nachlauf noch existieren auch Wellenwiderstand generieren, ist die Wellenerzeugung am Schiffskörper, die

Verfolgung der einzelnen Wellensysteme im Nachlauf der Schiffskörperbewegung und die Interferenz der Teilwellenmuster im Freifeldversuch und in der Simulation zu gewährleisten.

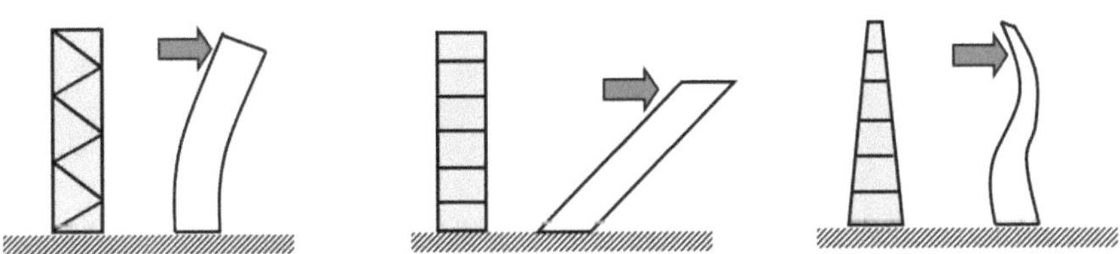

Die Argumentation welche Geometrie einer fluidbelasteten Struktur zu einem passiven, (auto-) adaptiven Beaufschlagungs- Bewegungsgebaren führt, zu einer Fluid- Struktur- Wechselwirkung, die im mechanisch-klassischen Sinne „nichtorthodox", also paradox erscheint, ist für Projekte um die intelligente Mechanik (**i-mech**) und Vorhaben zum numerischen Schlepptank **VTT** (Virtual Towing Tank) identisch. Dabei weisen die biologische Fischflosse und das Skelett der Baidarka geometrische Parallelen auf.
Dies mag die etwas länglichere Antwort auf die anfangs gestellte Frage, warum sich Bioniker mit (experimenteller) Archäologie beschäftigen sollten, gelten.

Weiter zum Teilprojekt **MuLAB.Paddel**

Mit der Vermutung eines hochoptimierten Rumpfes ist die Leistungsfähigkeit der Aleutenkajaks vielleicht bereits gut erklärt. Das Gesamtsystem Baitarka, oder zumindest ihre technischen Teile Rumpf und Paddel, der synthetische Teil der Antriebseinheit, geben einer ganzen Schar von Spekulationen Raum. Ähnlich, wie die rezenten Repliken der Baidarka-Rümfe keine oder nur geringe Flexibilität aufweisen (können), offenbar wein ein in der westlichen Welt sozialisierter und in der technischen Welt tradiert denkender Bootsbauer sich einen flexiblen Rumpf erst garnicht vorstellen will, so ähnlich scheint es sich mit dem Paddel der Aleutenkajaks zu verhanlten. Auf Baffin-Island (Canada) wurden gut erhaltene Exemplare von Paddeln gefunden, die aus der Zeit der Baidarkas stammen. Sie sind übrigens den Paddel der Grönlandeskimos sehr ähnlich, weshalb wir uns später auf entsprechende Sammlungsobjekte (vor Ort)

beziehen wollen. In den Kreisen der Wassersportler werden Grönlandpaddel gerne als Kuriosität behandelt.
Da ist zunächt die Gestaltgebung. Man kann ein Eskimopaddel im Internet bestellen und erhät ein – meist in liebevoller Handarbeit gefertigtes Paddel, das rein äußerlich tatsächlich einem Sammlungsobjekt aus dem Museum gleicht.

Grönlandpaddel im Ethnologischen Museum in Berlin Dahlem, links. Rechts Detailaufnahme: Flügelspitze aus Elfenbein.

Da ein modernes Paddel leicht sein soll, ist man offenbar bemüht, auch eine Replik gewichtsoptimal, oder sagen wir besser: gewichtsreduziert, anzufertigen. Eine Bootsbauerin auf Usebom machte mich auf genau dieses Entwicklungsziel aufmerksam. Wir lernten uns auf einer Bootsausstellung kennen und ich wurde direkt zu einem „Workshop für Grönlandpaddel" eingeladen[9]. Das war aber vor unserem Gespräch. Ich hatte viele Fragen zur Handhabung. Es stellte sich heraus, dass ich ein idealer Kandidat dafür sei, das Grönlandpaddeln zu erlernen. Anders als praktisch alle anderen Workshop-Interessenten bin ich nämlich kein aktiver Paddler (mein letztes Paddeln liegt über 40 Jahre zurück, den Klepper habe ich verschenkt) und könnte im Anschluß an den Workshop direkt und unmittelbar auf das Grönlandpaddeln domestiziert werden. Ich hatte nicht die Absicht die wunderschöne Nadelholzarbeit zu kritisiern, löste aber mit der Frage warum das replizierte Paddel keine Elfenbeispitzen besitzt, irgend etwas zwischen Empörung und Zorn aus. Ein richtiger Wassersportler „setzt" ein so edles Kunstwerk nicht „auf Grund" und braucht deshalb auch keine Flügelspitzen (-schoner), aus was auch immer.

Die Antwort meiner lieben Schwiegernichte auf die Frage, warum Tragflügelenden aus Elfenbein, ging in eine ähnliche Richtung. Anne ist

[9]Ursula Latus, Fährstraße 1, 17449 Peenemünde http://www.boot-workshop.de

Archäolgin, machte Urlaub in der Heimat, spricht außer Englisch und Französisch acht tote Sprachen und und grub für das Senkenberg-Museum Frankfurt a.M. in Syrien, als wir zuletzt trafen. Ein Paddel sei auch Waffe, sagt Anne. „Kommt ein Seehund, ploff –ploff, gibt es abends einen Braten!“ In meinem Kopf hatte sich aber inzwischen eine andere Interpretation festgesetzt.

Technische Beschreibung
Kajakpaddel mit lateralsymmetrischem Strömungsprofil und balancierten Flügelenden.

Die Erfindung betrifft ein Kajakpaddel aus kombinierten Werkstoffen unterschiedlicher Dichten und der Gestaltungsabsicht, durch spezifisch ausbalancierte Tragflügelenden die schwingungs-dynamischen Eigenschaften des Gesamtsystems gezielt zu kontrollieren. Hinsichtlich der Strömungsprofilkontur liegt der Erfindung die Idee eines lateralsymmetrischen und achssymmetrischen Strömungsprofils zu Grunde, das durch das geometrische Element Ellipse mit geringen deklaratorischen Mitteln beschrieben und durch lediglich einen Parameter eindeutig definiert ist.

Stand der Technik und der Wissenschaft. Paddel dienen der Fortbewegung eines Bootes mit Muskelkraft. Das typische, von einem Doppelpaddel angetriebene Boot ist das Kajak. Der Begriff Kajak stammt von dem grönländischen *„Qajaq“* ab und bezeichnet einen Bootstyp, dessen Insassen in Fahrtrichtung sitzen. Das Kajak wurde von Eskimos als schnelles, wendiges Boot für die Jagd entwickelt.

Gestaltmerkmale. Zu den Merkmalen eines Doppelpaddel vom Stand der Technik gehören der Paddelschaft, die Schaftwurzel, das Paddelblatt und der Randbogen (Blattkante, Tragflügelende). Der Paddelschaft verbindet bei einem Doppelpaddel zwei Paddelblätter miteinander. Die Schaftwurzel, auch Blattwurzel genannt, ist der Übergang vom Schaft in das Blatt. Das Paddelblatt ist beim Doppelpaddel das äußere Ende des Paddels und bildet einen fluidmechanisch wirksamen Tragflügel aus. Die Ausführung des Paddelblatts kann sehr unterschiedlich sein und wird stark vom vorgesehenen Einsatzzweck und Betriebsbereich beeinflusst. Blattkanten (Tragflügelenden) vom Stand der Technik sind oft verstärkt ausgeführt.

Werkstoffe. Das traditionelle Material für Paddel ist Holz. Die Dichte eines als Werkstoff für Paddel geegneten Holzes liegt im Bereich { $0{,}7 < \rho\ [10^3\ \mathrm{kg\ m^{-3}}] <$

0,9 }. Stand der Technik sind Paddel aus Kunststoffen, zum Beispiel GFK, CFK, Polyester, Aramid, Polystyrol, oder Polyamid (Nylon)) verwendet. Für Schäfte wird gelegentlich Aluminiumrohr verwendet.
Von den ursprünglichen Doppelpaddel der nordamerikanischen und auch der grönländischen Eskimos sind ebenfalls Werkstoffkombinationen bekannt. So besteht der Schaft des Doppelpaddels und Teile der Paddelblätter aus Holz, die Tragflügelenden jedoch aus anderen Materialien, wie etwa Elfenbein, das von den Zähnen und Stoßzähnen aquatischer Säugetiere stammt.
Die Dichte von Elfenbein liegt im Bereich { $1{,}9 < \rho\ [10^3\ kg\ m^{-3}] < 2{,}4$ }. Als Motiv der Eskimos, Werkstoffe für Kajakpaddel zu kombinieren und damit die Anfertigung zu verkomplizieren wird von Historikern einhellig die Erhöhung der mechanischen Festigkeit der Blattkanten (Tragflügelenden) angeführt. So sind bei Grundberührung schlag- und stoßfeste Tragflügel-enden von Vorteil und armierte Paddel können auch als Waffe eingesetzt werden.

Mineralguss ist ein Werkstoff der aus mineralischen Füllstoffen wie Quarzkies oder Gesteinsmehl und einem Anteil Epoxid-Binder besteht. Handelsname CORIAN (DuPont). Das Material wird in der Fertigung als homogene Masse urformend vergossen oder ist als Halbzeug (Plattenmaterial) beziehbar. Die erzielbaren Oberflächen sind hochwertig. Mineralguss ist ein massiver, komplett durchgefärbter Stoff und erinnert in seinen mechanischen Eigenschaften an Naturmaterialien; es ist schlag- und Stoßfest. Die Dichte des Werkstoffs liegt im Bereich { $1{,}8 < \rho\ [10^3\ kg\ m^{-3}] < 2{,}4$ }.

Tragflächenprofil. Das Strömungsprofil betrifft die Form eines Strömungskörpers in Strömungs-richtung des umgebenden Fluids. Die Kontur eines Strömungsprofils bezeichnet die umhüllende Gestalt des Strömungskörpers. Besonders konturiert sind Strömungsprofile für Krafttragflächen und Arbeitstragflächen. Durch die spezifische Form von Kraft- und Arbeitstragflächen und durch die Umströmung des Fluids kommt es zu einem Wechselwirkungsgeschehen, das durch Energie-austausch gekenn-zeichnet ist. Krafttragflächen sind fluidmechanisch wirksame Tragflügel die geeignet sind, dem bewegten umgebendem Fluid vornehmlich Energie zu entziehen. Beispiele sind die Repellertragflächen einer Windkraftanlage oder ein Kajakpaddel während des Manövrierens. Arbeitstragflächen sind fluidmechanisch wirksame Tragflügel die vornehmlich Energie in ein umgebendes Fluid einkoppeln. Beispiele sind die Leit- und Steuerflächen von Seefahrzeugen, Schaufeln von fluidmechanischen Antrieben und das Paddel eines Kajaks.
Die Profile von Kraft- und Arbeitstragflächen nach Stand der Technik sind hinsichtlich ihrer Lateralkontur in der Regel entweder definiert symmetrisch

oder definiert asymmetrisch. Bei einfachen geometrischen Formen, etwa den Konturen von ebenen Plattenprofilen, bei Wölbplat-tenprofilen oder bei einfach gekröpften Knickplattenprofilen ist der Deklarationsaufwand gering. Eine geschlossene mathematische Beschreibung in Gestalt einfacher Formeln existiert. Bei manchen Profilformen vom Stand der Technik und vor dem Hintergrund hoher Präzisionsansprüche an das Konstruieren, das Fertigen von Kraft- und Arbeitstragflächen und für das Messen oder die mathematische Handhabung von Konturen von Profilen von Kraft- und Arbeitstragflächen ist der Deklarationsaufwand, der auch die mathematischen Interpolationsmodelle betrifft, teilweise erheblich. Es ist nach Stand der Technik und der Wissenschaft üblich, Koordinaten der Konturen von Strömungs-profilen sowie die zugehörigen mathematischen Handhabungsmethoden in Datenbanken zu hegen (siehe auch: The Airfoil Investigation Database [W-1][W-2] und UIUC Airfoil Coordinates Database [W-3]). Die Grundbeschreibung eines Strömungsprofils nach Stand der Technik erfolgt mit wenigstens den vier geometrischen Größen Tiefe t[m], Dicke d[m] und anderen Parametern, wie der Wölbungsrücklage xf[m]. Als generalisierte, auf die Profiltiefe t bezogene Größen folgt somit beispielsweise die (spezifische, auf die Profiltiefe bezogene) Profildicke d/t [%].

Paddelstile und Betriebsarten. Profile für Paddeltragflächen vom Stand der Technik sind in der Regel nichtsymmetrisch. Ausnahmen bilden abgerundete Plattenprofile. Die bevorzugte Betriebsart von Paddeltragflächen vom Stand der Technik – insbesondere beim Hoch-leistungspaddeln und in Wettkämpfen – zielt darauf ab, einen großen Betrag an mechanischer Energie in das umgebende Fluid einzukoppeln. In der Regel kommt es bei Paddeltragflächen vom Stand der Technik die mit Paddelstilen vom Stand der Wissenschaft und Stand der (Betriebs-) Techniken betrieben werden während des Paddelschlages zu einer Strömungsablösung (Stall) am umströmten Paddeltragflächenprofil. Im Stallzustand wird die Energie nicht mehr fluiddynamisch (durch dynamischen Auftrieb) sondern hauptsächlich über den am Paddeltragflächenprofil wirksamen Strömungswiderstand übertragen. Für kurze Wettbewerbsstrecken wird dieser Betriebsnachteil durch eine entsprechende Athletik des Paddlers (über-) kompensiert.

Balance. Ein Doppelpaddel im Betrieb stellt in einer ersten modellhaften, physikalischen Annäherung ein Rotationssystem dar. Bei gleicher Gestalt können sich Rotationssysteme hinsichtlich ihrer schwingungsdynamischen Eigenschaften erheblich voneinander unterscheiden etwa dann, wenn Werkstoffe unterschiedlicher Dichte Verwendung finden. Das Massenträgheitsmoment eines Rotationssystems ist überproportional sensibel gegenüber der Variation von Werkstoffen, Gradienten von Materialdichten und der Anordnung zusätzlicher Massen in Bezug auf die Rotationsachsen. Näheres erklärt das physikalische Gesetz über die Massenverteilung (Satz von Steiner). Ein Rotationssystem erfährt einen vorteilhaften Massenausgleich, wenn (in geeigneter Weise) zusätzliche Rotationsmassen vorgesehen und platziert werden. In der Rotordynamik realer, durch äußere Einwirkungen gestörter Rotationssysteme sind Gestaltungsziele die effiziente Speicherung von Rotationsenergie, die Gleichförmigkeit der Bewegung und Betriebsruhe durch Kontrolle (und Kompensation) von Beschleunigungsgradienten und die Herabsetzung der Störanfälligkeit des Rotationssystems [Dubb-12].

In einer verfeinerten modellhaft-physikalischen Annäherung stellt das Doppelpaddel im Betrieb eine intermittierend beaufschlagte Arbeitstragfläche dar, dessen Bahnkurve ein komplexes, räumliches - in erster Näherung - Ellipsenderivat beschreibt, das sich von einer reinen kreiselförmigen Rotation erheblich unterscheidet. Ein theoretisches Prozessmodell mit dem Ziel, Gestaltungsprinzipien für derartige Systeme auf der Grundlage bewegungsdynamischer Voraussagen zu gewinnen, ist nicht Stand der Wissenschaft und Technik. Aus der Theorie der Festkörperkinetik und der angewandten Maschinendynamik ist allerdings bekannt, dass bei intermittierend beaufschlagten Kraft- und Arbeitssystemen dem so genannten „Massenausgleich zweiter Ordnung" durch Kompensation der Beschleunigungsgradienten eine besondere Bedeutung zukommt. In der Regel und nach Stand der Wissenschaft und Technik wird die Kontrolle der Massenträgheitsmomente bei Systemen in Differentialbauweise durch eine optimierte Massenverteilung, bei nichthomogenen (integralen) Konstruktionen durch Dichtegradienten erzielt. Die Anwendung optimierter Dichtegradienten auf fluidische Systeme, etwa auf Intermittierend beaufschlagte Arbeitstrag-flächen mit Laminarprofilen erfordert weitergehende gestalterische Anpassungen. Derart konditionierte Kajakpaddel sind nicht Stand der Technik.

Problembeschreibung. Werden Paddeltragflächen vom Stand der Technik mit Paddelstilen vom Stand der Wissenschaft und Stand der (Betriebs-) Techniken betrieben, kommt es während des Paddelschlages zu einer Strömungsablösung (Stall) am umströmten Paddeltragflächenprofil. Mit dem Stall an der Paddeltragfläche ist auch das leeseitige Einsaugen von Umgebungsluft (an der der Betriebs- und Bewegungsrichtung des Paddels abgewandten Seite) verbunden.
Der nun herrschende Widerstand ist erheblich. Wird bei kurzen Wettbewerbsstrecken dieser Betriebsnachteil durch eine entsprechende Athletik des Paddlers noch kompensiert, taugt der Betriebsstil vom Stand der

Techniken nicht für eine energiesparende Betriebsweise oder zum Überwinden langer Distanzen.
Weil die Verwendung von Laminarprofilen für Tragflächen von Kanupaddel nicht üblich und nicht Stand der Technik ist, ist auch die Betriebsweise derartiger „Laminarpaddel" nicht bekannt. Der dynamische Auftrieb an einer Tragfläche mit Laminarprofil kann hoch sein (berechneter Auftriebskoeffizient CL > 2.2). Damit steigen die dynamischen Kräfte und Momente im Betrieb und die physische Belastung des Kajakfahrers.

In anderen Bereichen der Technik, etwa bei der Entwicklung von fluidmechanisch wirksamen Kraft- und Arbeitstragflächen werden die Koordinaten der Konturen der Strömungsprofile Profilkatalogen vom Stand der Technik entnommen. In für Strömungsanwendungen typischen Entwicklungs- und Nutzungsszenarien, etwa in Forschungslabors (Prototypenbau) und im von kleinen und mittelständigen Unternehmen geprägten Yacht- und Bootsbau (Einzelanfertigungen, Unikate, Reparatur) taucht häufig das Problem auf, dass die Geometriedaten der Konturen von Profilen für fluidmechanisch wirksame Kraft- und Arbeitstragflächen oder für Profillehren, Formen und anderer Fertigungsmittel in einer für die Bauteiloptimierung und/oder die Fertigung nicht geeigneten Form vorliegen. Für die Beschreibung von Konturen nach dem Stand der Technik wird auf Datenbanken oder Profiltabellen zurückgegriffen [Abbo-59] [Eppl-90] [Gorr-17] [Katz-01] [W-2][W-3]. Dass einfache mathematische Beschreibungen der Profilkontur nur für ebene Plattenprofile und andere sehr einfache Profile existiert und es nach Stand der Technik und der Wissenschaft üblich ist, Koordinaten der Konturen von Strömungsprofilen in Datenbanken zu hegen, führt in der Labor-, Reparatur und in der Bootsbaupraxis dazu, dass durch Konstruktion und gestalterische Vorgabe vorgesehene Profile nur unzureichend in Formen und in Bauteilkonturen wiedergegeben werden können.
Ein Laminarpaddel ist derzeit nicht Stand der Technik. Prinzipielle Anforderungen sind aber formulierbar: In Fluiden betriebene Arbeitstragflächen mit Laminarprofilen erfordern aus fluidmechanischer Sicht eine gleichmäßige, an Beschleunigungen arme Betriebsweise. Werden diese Arbeitstragflächen intermittierend beaufschlagt, ist aus maschinendynamischer Sicht eine hinsichtlich des Massenausgleichs optimierte Gestaltung vorteilhaft.

Problemlösung. Die Erfindung betrifft ein Kajakpaddel aus kombinierten Werkstoffen unterschiedlicher Dichten mit der Gestaltungsabsicht, durch spezifisch ausbalancierte Tragflügelenden die schwingungsdynamischen Eigenschaften des Gesamtsystems gezielt zu kontrollieren. Hinsichtlich der

Strömungsprofilkontur liegt der Erfindung die Idee eines lateralsym-metrischen und achssymmetrischen Strömungsprofils zu Grunde, das durch das geometrische Element Ellipse mit geringen deklaratorischen Mitteln beschrieben und durch lediglich einen Parameter eindeutig definiert ist.

Profil. Das fluidmechanisch wirksame, lateralsymmetrische und achssymmetrische Strömungsprofil weist in einem weiten Bereich möglicher Anströmbedingungen die Eigenschaften eines Laminarprofils auf. Die Kontur ist mit geringen deklaratorischen Mitteln zu beschreiben. Die Kontur des lateral- und achssymmetrischen Strömungsprofils wird durch das geometrische Element Ellipse beschrieben und durch einen Parameter [p1] vollständig und eindeutig definiert, wie folgt: "*PROFILKONTUR* [p1]".
Der Parameter p1 sei die spezifische Profildicke d/t [%] des achssymmetrischen Profils.
Das Strömungsprofil "*PROFILKONTUR* [p1]" ist für Kraft- und Arbeitstragflächen, insbesondere für Profile von Paddelblättern geeignet. Ausprägungen und Varianten des fluidmechanisch wirksamen Strömungsprofils können in einer Serie systematisiert und geordnet werden. Das Strömungsprofil kann skaliert und parametrisiert werden derart, dass es besonders für unterschiedliche Anströmbedingungen fluidmechanisch wirksam und geeignet ist.
Die Anwendung des Strömungsprofils "*PROFILKONTUR* [p1]" für den Tragflügel eines Kajakpaddels (Doppelpaddel), gekennzeichnet durch die für Paddelblätter typischen geringen Abmessungen und den vergleichsweise geringen Anströmgeschwindigkeiten führt auf Reynoldszahlen Re<10.000. Ergebnisse potentialtheoretischer Untersuchungen zeigen, dass die lateralsymmetrische und achssymmetrische Strömungsprofilkontur für kleine Reynoldszahlen Merkmale eines Laminarprofils besitzt. Um die Vorteile eines derartigen Tragflügels zu nutzen, sind Betriebsarten und Bedienungstechniken erforderlich, die nicht dem Stand der Wissenschaft, der Technik und dem Stand der Betriebstechniken (Paddel-Stile) entsprechen.

Balance. Die Tragflächen des Doppelpaddels sind segmentiert. Die inneren Tragflächen verbindet der Schaft des Doppelpaddels. Die äußeren Tragflächensegmente sind mit stofflicher Verbindung an die inneren Tragflächen gefügt ausgeführt. Die mechanischen Eigenschaften und Dichten der Materialien der ausgeführten Tragflächensegmente können unterschiedlich sein. Dadurch sind die bewegungsdynamischen Eigenschaften des Doppelpaddels seitens der Gestaltung kontrollierbar.

Erzielbare Vorteile. Ein Kajakpaddel mit einem fluidmechanisch wirksamen, lateralsymmetrischen und Strömungsprofil, das in einem weiten Bereich möglicher Anströmbedingungen die Eigenschaften eines Laminarprofils aufweist, kann dann leistungsfähig und arm an fluid-dynamischen Widerstand betrieben werden, wenn Betriebsarten und Bedienungstechniken angewandt werden, die derzeit nicht dem Stand der Wissenschaft, der Technik und dem Stand der Betriebstechniken und Paddel-Stile sind. Mit dem fluidmechanisch wirksamen, symmetrischen Strömungsprofil, dessen Kontur durch zwei Ellipsen mit gemeinsamen Konstruktionskreis beschrieben wird und diese Kontur durch einen Parameter vollständig und eindeutig definiert ist, wird erreicht, dass in der Baupraxis, in der Reparatur- und Instandhaltungspraxis Strömungsbauteile und/oder deren Fertigungs-mittel wie Profillehren oder Formen durch einfache mathematische Beziehungen (Ellipsen-gleichung) beschrieben werden können und in der Konstruktionspraxis geometrische Vorgaben möglich werden oder existieren, die auch vom Laien mit geringsten Mitteln umgesetzt werden können und die Erfindung zur Simplifizierung der Konstruktion und zur Robustheit im Betrieb der Kraft- und Arbeitstragflächen mit derartigen Profilen und Profilkonturen beiträgt. Dies ist von wirtschaftlichem Interesse. Da die Tragflächen des Doppelpaddels segmentiert sind und die mechanischen Eigenschaften und Dichten der Materialien der ausgeführten Tragflächensegmente unterschiedlich sein können, sind die bewegungsdynamischen Eigenschaften des Doppelpaddels gestalterisch kontrollierbar und einer Optimierung zugänglich. Dies ist hinsichtlich der Effizienz und des Wirkungsgrades des Gesamtsystems vorteilhaft.

Aufbau und Wirkungsweise des Paddels. Der Schaft SC des Doppelpaddels und linksseitige und rechtsseitige Paddeltrag-flächensegmente F1 und Paddeltragflächensegmente F2 bilden eine Konstruktive Einheit. Die Paddeltragflächensegmente F1 und F2 bilden eine gemeinsame Tragflächenkontur aus. Die Paddeltragflächen sind von ihrer Form paarweise gleich gestaltet und symmetrisch angeordnet. Die schematische Skizze, Figur 1 zeigt den prinzipiellen Aufbau des Paddels.

Die Profile einer Paddeltragfläche variieren in ihrer Geometrie gemäß der Lehre über die parametrisierte Profilkontur. Die Kontur des Profils wird durch eine Ellipsenkontur ELKON mit dem Konstruktionskreis KKON beschrieben und durch lediglich einen Parameter, der spezifischen Profildicke d/t vollständig und eindeutig definiert. Abbildung Figur 4 zeigt schematisch den formalen Aufbau der Profilkontur. Die Ellipsenkontur ELKON und der Konstruktionskreis KKON besitzen ein gemeinsames Zentrum, in dem sich auch die Profilsymmetrieachse PSA, die Kontursymmetrieachse KKA und die Schaftachse schneiden. Die Profildicke ist gegeben mit dem Durchmesser d des

Konstruktionskreises KKON. Die spezifische Profildicke d/t ist der auf die Profiltiefe t bezogene Durchmesser d des Konstruktionskreises KKON. Aus den schematischen Darstellungen der Abbildung Figur 4 ergeben sich alle Beziehungen, die zu einer Konstruktion des Profils notwendig sind. Für alle Punkte P(x,y) die Element einer Ellipse sind, gilt die Ellipsengleichung $(x^2/a^2)+(y^2/d^2) = 1$. Mit den Parametern p1, der spezifischen Profildicke d/t [%] des symmetrischen Profils, ist die "*PROFILKONTUR* [p1]" definiert. Die Tragflächen des Doppelpaddels sind segmentiert. Die inneren Tragflächen F1 verbindet der Schaft SC des Doppelpaddels. Die äußeren Tragflächensegmente F2 sind mit stofflicher Verbindung über die Fuge GRO an die inneren Tragflächen F1 gefügt. Die mechanischen Eigenschaften und Dichten der Materialien der ausgeführten Tragflächensegmente sollen unterschiedlich sein. Die inneren Tragflächensegmente F1 sind wie der Schaft SC aus zug- und biegefestem Vollmaterial, vorzugsweise Holz ausgeführt. Die Dichte des Werkstoffs liegt im Bereich { $0,7 < \mathbf{D}\ [10^3\ kg\ m^{-3}] < 0,9$ }. Die äußeren Tragflächensegmente F2 sind aus schlagfestem Vollmaterial, vorzugsweise Mineralguss ausgeführt. Die Dichte des Werkstoffs liegt im Bereich { $1,8 < \rho\ [10^3\ kg\ m^{-3}] < 2,4$ }Durch Materialauswahl sind die bewegungsdynamischen Eigenschaften des Doppelpaddels seitens der Gestaltung kontrollierbar. Anders als Kajakpaddel vom Stand der Technik sollte eine Arbeitstragfläche, deren Tragflügelprofilkontur Qualitäten eines Laminarprofils aufweist mit definiertem Tragflächen-anstellwinkel (der kleiner aber nahe am kritischen Anstellwinkel bei dem Stall auftritt, ist) gefahren werden. Der kritische Anstellwinkel ALPHA eines elliptischen Profils entsprechend der Lehre über die "*PROFILKONTUR* [p1]" mit dem Parameter p1=30 entspricht etwa ALPHA = 15° relativer Anströmung. Bei diesem Anströmwinkel werden auch die höchsten Werte der Vortrieb erzeugenden Querkraft erreicht. Ebenfalls unterschieden von einem Kajakpaddel vom Stand der Technik sollte eine Arbeitstragfläche, deren Tragflügelprofilkontur Qualitäten eines Laminarprofils aufweist in einer wenig beschleunigten, Weise gefahren werden, wobei die absolute Bahngeschwindigkeit das mehrfache der Geschwindigkeit des Seefahrzeugs betragen kann! Für die Aufrechterhaltung des Auftriebgebarens eines effizienten Laminarprofils ist vielmehr ein hohes Maß an Bahntreue des Tragflügels erforderlich. Die Bahntreue ihrerseits wird durch ein vergrößertes Masseträgheitsmoment des Tragflächensystems bevorteilt. Die Vergrößerung rotativen Masseträgheitsmoments der Doppelpaddeltragfläche gelingt mit der Materialauswahl für die Tragflächensegmente F2. Werden statt dem Werkstoff Holz mit einer Dichte um $\rho = 0,8\ [10^3\ kg\ m^{-3}]$ die äußeren Tragflächensegmente F2 aus Mineralguss mit der Dichte $\rho = 2,4\ [10^3\ kg\ m^{-3}]$ ausgeführt, kann das partielle Rotaionsmassenträgheitsmoment des Tragflächensegments F2 um den Faktor drei vergrößert werden. In der schematischen Skizze Figur 3 ist der

Schwerpunktabstand XSPF1 des Massenschwerpunkt SPF1 des Tragflächensegments F1 von der idealisierten Rotationsachse ROA und der Schwerpunktabstand XSPF2 des Massenschwerpunkt SPF2 des Tragflächensegments F2 von der idealisierten Rotationsachse ROA ersichtlich. Der so genannte „Steineranteil" J des (partiellen) Rotaionsmassen-trägheitsmoments einer Partialmasse M im Abstand x von einer Rotationsebene errechnet sich zu $J = M\ x^2$ [kgm^4]. Für die Beschreibung der Wirkungsweise eines fluidmechanisch wirksamen (symmetrischen) Strömungsprofils werden in der Regel und nach Stand der Technik Messkanalunter-suchungen und/oder Berechnungen an Tragflügeln unter genau definierten Bedingungen angestellt. Zusammenfassung der in den Skizzen Figur1, Figur2, Figur3 und Figur4 schematisch dargestellten Bauteile, Konturen, Formparameter und Symmetrieebenen:

Bauteile:

F1	inneres Paddeltragflächensegment
F2	Paddeltragflächensegment mit Randbogen (Blattkante)
SC	Schaft des Doppelpaddels.
GRO	Fügelinie

Konturen und Formparameter:

KKON		Kontur des Konstruktionskreises
ELKON		Kontur der profilgebenden Ellipse
t	[m]	Profiltiefe
d	[m]	Durchmesser des Konstruktionskreises
d/t	[%]	spezifische Profiltiefe (Parameter [p1])
SPF1		Schwerpunkt des Flächensegments F1
SPF2		Schwerpunkt des Flächensegments F2
XSPF1		Schwerpunktabstand der Fläche F1
XSPF2		Schwerpunktabstand der Fläche F2

Achsen und Symmetrieebenen:

PSA	Profilsymmetrieachse
KSA	Kontursymmetrieachse
ROA	Rotationsachse (idealisiert)
KKA	Konstruktionskreisachse
SHA	Schaftachse

Bibliographie und Quellen

[Abbo-59] Ira H. Abbott, Albert E. von Doenhoff (1959): Theory of Wing Sections: Including a Summary of Airfoil Data. Dover Publications, New York

[Dubb-12] Grote, K-H, Feldhusen, J. (Hrsg.)(2012): Dubbel. Taschenbuch für den Maschinenbau. 23. Auflage. Springer Verlag, Berlin.

[Eppl-90] Richard Eppler (1990): Airfoil Design and Data. Springer Verlag, Berlin, New York

[Gorr-17] Edgar Gorrell, S. Martin: Aerofoils and Aerofoil Structural Combinations. In: NACA Technical Report. Nr. 18, 1917.

[Katz-01] Joseph Katz, Allen Plotkin (2001): Low-Speed Aerodynamics (Cambridge Aerospace Series) Cambridge University Press; 2 edition

[W-1] http://de.wikipedia.org/wiki/Profil (abgerufen10062014)

[W-2] The Airfoil Investigation Database, http://www.worldofkrauss.com/foils/578 (abgerufen 10062014)

[W-3] UIUC Airfoil Coordinates Database, (abgerufen 10062014) http://www.ae.illinois.edu/m-selig/ads/coord_database.html

FIGUR 1

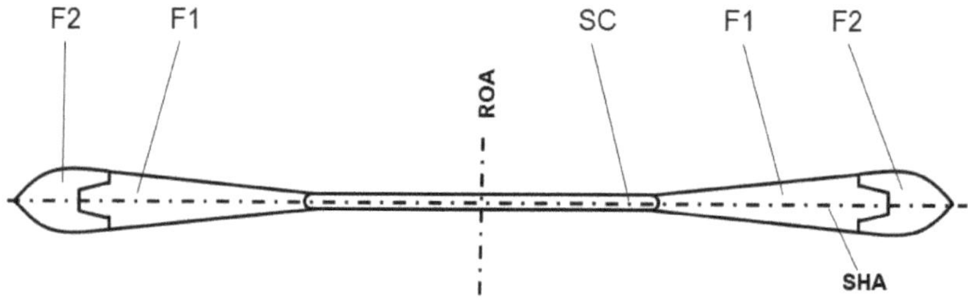

FIGUR 2

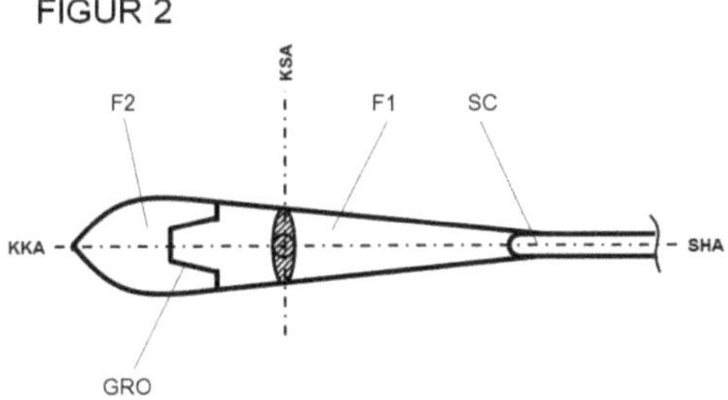

FIGUR 3

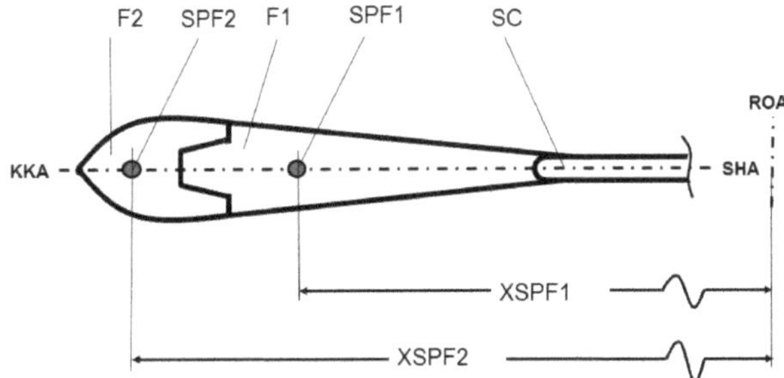

FIGUR 4

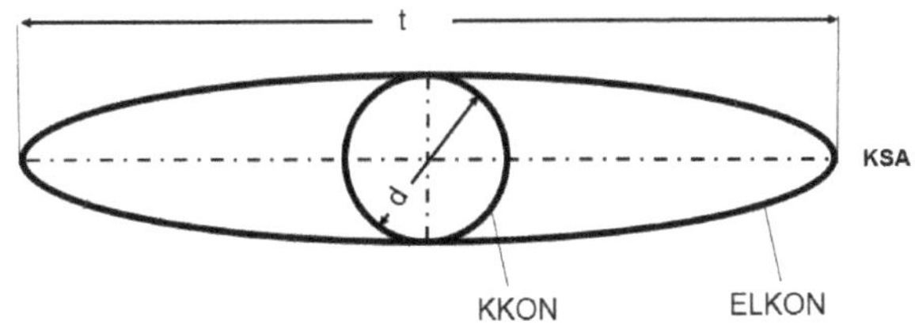

Das Teilprojekt **MuLAB.YULOH.**

Forschung über Muskelkraft-Schiffsantriebe steht derzeit nirgendwo auf der Agenda. Selbst im sportmedizinischen Bereich ist die Zahl rezenter Projekte zum Rudern, Paddeln oder gar Wriggen sehr übersichtlich. Das hat mich bei der Recherche zu diesem Thema sehr verwundert. Die im (olympischen) Spitzensport genutzte Technik wird in Deutschland an zwei Orten entwickelt. Bei der Firma FES in Berlin interessierte man sich anfangs für eine Kooperation die im Zusammenhang stehen könnte mit unserer Forschung zu Paddel und Yulohs, doch ist man dort rasche Fortschritte in den Untersuchungsergebnissen gewohnt, die wir in einer sehr frühen Phase der Untersuchungen nicht bedienen konnten.

In formaler Hinsicht ist ein Transversalantrieb, wie es das asiatische Yuloh darstellt, erst einmal unabhängig von der Energiequelle des Antriebs zu sehen. Die Bewegung der Tragflügel einer Kraftmaschine mit Transversalantrieb ist in der Grundform ein Kreis. Die (koordinaten-) transformierte Bahn des Tragflügels wird von einer kollektiven Blattverstellung der Tragflügel überlagert. Auf einem genügend abstrakten Niveau ist dies die Beschreibung der Tragflügelbewegung eines Voith-Schneider-Antriebs.

Beim Entwurf fluidischer Kraft- und Arbeitsmaschinen wird gerne versucht, die von einem Tragflügel überstrichene Fläche zu maximieren[10], wenn bei Rotationssystemen die mit den Drehzahlen verbundenen kritischen Tragflügelspitzengeschwindigkeiten als „ausgereizt“ gelten. Es ist der Grund, weshalb Windräder immer größer und größer werden. Eine schwenkende, wedelnde oder wischende Tragflügelbewegung bietet hier größere gestalterische Freiheiten, die (natürlich) mit den Beschleunigungen und Massenkräften in den Umkehrpunkten erkauft werden wollen.

Erscheinen intermittierende Arbeitsmaschinen als zulässige „Prinzipielle Lösung“ bei der Konzeptionierung neuartiger Transversalantriebe, ist der Schritt zu hybriden Systemen einfach nur noch folgerichtig.
Ein pneumatischer Muskel (engl. Pneumatic muscle, fluid muscle) ist ein Arbeitsgerät in der Pneumatik. Der pneumatische Muskel (Fluidmuskel) ist eine Membran-Kontraktion, welches dem biologischen Muskel nachempfunden ist. Er besteht aus einem druckdichten Schlauch mit einem besonders gestalteten, eingearbeitetem Gewebenetz aus hochfesten Fasern. Wird der Kontraktionsschlauch mit Druck beaufschlagt, dehnt er sich in Querrichtung aus und zieht

---

[10] Schubkraft $F = \rho\, v^2 A$,

sich in der Längsrichtung zusammen. Die eingearbeiteten Fasern sind dafür zuständig, den Schlauch in Form zu halten und die Ausdehnung auf eine Längenänderung zu beschränken und zu stabilisieren. Die Längenänderung des Fluidmuskels beträgt etwa 15-25 [%]. Der pneumatische Muskel verfügt über keine beweglichen Teile; deshalb arbeitet er weitestgehend reibungsfrei. Durch die geringe Masse und das günstige Kraft-Gewicht-Verhältnis des pneumatischen Muskels ist es möglich, sehr hohe Beschleunigungswerte von bis zu 50 m/s^2 und eine erheblich höhere Anfangskraft gegenüber einem Zylinder gleichen Durchmessers zu erreichen. Die nutzbare Zugkraft hat ihr Maximum zu Beginn der Kontraktion und fällt nahezu linear mit dem Hub ab. Der pneumatische Muskel ist als reines Zugsystem aufgebaut. Seine Nennlänge wird im unbelasteten Zustand angegeben und entspricht der sichtbaren Schlauchlänge. Durch Zugbelastung / Vorspannung expandiert der pneumatische Muskel, wodurch er seine maximale Kraft und Kontraktion bei Druckbeaufschlagung entfalten kann. Bei Änderung der äußeren Belastung verhält sich der pneumatische Muskel wie eine Feder und folgt der Kraftrichtung. Dadurch lässt er sich auch als "Pneumatische Feder" mit verschiedenen Steifigkeiten einsetzen, welche durch das Luftvolumen und den Luftdruck bestimmt werden.

Der emergente gestalterische Schritt könnte nun darin bestehen, zwei gut untersuchte technische Systeme, Yulohs und Pneumatic muscles zu etwas Neuem zu verkoppeln. Das Problem dabei: Wir wissen nichts über Yulohs.
Als erste Annäherung an das Thema YULOH ist eine Recherche nützlich. Ich führte viele Gespräche vor Ort in Berlin und baute einen Kontakt nach Linz in Österreich auf. Hier traf ich tatsächlich Anwender.

INTRO. Der Transversalantrieb ist derzeit nur für kleine muskelkraftgetriebene Seefahrzeuge von Bedeutung. Einen Trans-versalantrieb kann eine am Heck eines Bootes mit einem Paddel ausgeführte Zick-Zack-Bewegung durch das Kielwasser sein, die einen strömungs-dynamischen Lift in Richtung der Schiffsbewegung erzeugt. Um Kraft zu sparen, stützt man das Paddel dabei am Spiegel des Schiffes ab. Das klingt zunächst einmal viel mühsamer und umständlicher, als es in Wirklichkeit ist. Insbesondere dann, wenn wir der Profilauswahl für die gestaltungsrelevanten Arbeitstragflächen dieser Antriebe eine besondere Aufmerksamkeit widmen; die Profilauswahl soll ja der Hauptmotivation der avisierten Forschung MuLAB.Yuloh sein.

Bevor ich an drei Beispielen erörtere, wo uns vielleicht artifizielle Transversalantriebe an realen Seefahrzeugen begegnen sei angemerkt, dass einerseits der Stand der Technik keine nennenswerten Beispiele maschinenbetriebener Transversalantriebe (außer vielleicht einen abstrahierten Voith-Schneider-Prozess) nennt, andererseits Erkenntnisse aus der Naturwissenschaft, vornehmlich aus der Biosystemanalyse kaum Hinweise darauf geben, ob und wie schwimmende, aquatische oder semiaquatische Wirbeltiere die häufig oder gelegentlich im Wasser leben, mit ihren Beinen und Füßen transversal paddeln (können) und dies sogar zu ihrer bevorzugten Antriebart entwickelt haben. Obwohl ich hinsichtlich des Auftauchens von Spekulationen zum Thema biologischer Transversalantriebe mittelfristig zuversichtlich bin ist festzustellen, dass artifizielle Trans-versalantriebe derzeit nicht im Fokus der maritimen Forschung und Entwicklung stehen. Daran besteht leider kein Zweifel. Aber man muss ja nicht alles gleich verwerfen, was andere für eine unnütze Sache halten. Unternehmen wir also einen ersten semantischen Annäherungsversuch an diese wenig geliebte Antriebsart.

PROPULSION. Die physikalische Wirksamkeit transversaler Schiffsantriebe steht außer Frage. So ist etwa das Pumpen und das Wriggen von Booten während einer Segel-Regatta verboten. Und ich füge hinzu: Es ist verboten, weil es so effizient ist!

Rule 42 of the ISAF Racing Rules of Sailing.

42.1 Basic Rul: *Except when permitted in rule 42.3 or 45, a boat shall compete by using only the wind and water to increase, maintain or decrease her speed. Her crew may adjust the trim of sails and hull, and perform other acts of seamanship, but shall not otherwise move their bodies to propel the boat.*

42.1 Grundregel. *Außer wenn es nach Regel 42.3 (oder Regel 45) erlaubt ist, darf ein Boot im Wettkampf nur Wind und Wasser nutzen, um seine Geschwindigkeit zu vergrößern, zu erhalten oder zu verringern. Seine Besatzung darf den Trimm von Segel und Bootskörper anpassen und andere seemännische Handlungen ausführen, aber sonst keine Körperbewegungen ausführen, um das Boot vorwärtszutreiben.*

42.2 VERBOTENE HANDLUNGEN. Die nachstehenden Handlungen sind verboten, ohne hierdurch die Gültigkeit der Regel 42.1 einzuschränken:
(a) Pumpen: Wiederholtes Bewegen eines Segels entweder durch Dichtholen und Fieren des Segels oder durch vertikale oder Querschiffs-Körperbewegungen;

(b) Schaukeln: Wiederholte Rollbewegungen, die entweder durch Körperbewegung oder durch Segel- oder Schwertverstellen herbeigeführt werden und nicht der Erleichterung beim Steuern dienen;
(c) Treiben: Schnelle, abrupt abgestoppte Körperbewegung nach vorn;
(d) Wriggen: Wiederholte Bewegungen des Ruders, die nicht zum Steuern erforderlich sind;

Näheres:

42–22 Wriggen ist nur erlaubt, wenn dies zum Steuern des Bootes notwendig ist, weil zur Zeit keine andere Steuermöglichkeit existiert und wenn durch das Wriggen ein klare Kursänderung des Bootes erfolgt.
42–23 Jedes mit dem ersten Wriggen verbundene weitere Wriggen zum Ausgleich der erzeugten Bewegung ist verboten.
42–24 Jedes Wriggen (zwei oder mehr Bewegungen des Ruders, auch kleine) das keine eindeutige Kursänderung bewirkt ist verboten.
42–25 Wiederholte Bewegungen des Ruders um eine Steuerbewegung zu stoppen, die durch den Trimm des Bootes, z.B. Backhalten des Segel verursacht wird, sind verboten.
42–26 Das Fortführen des Wriggens ist verboten, sowie die Segel voll stehen.

Nun gut, es geht also um das Wriggen. Und: die *Racing Rule RR42* beschreibt das Wriggen nur unter Anderem und auch nur auf eine ganz besondere Weise aus der Sicht des Seglers. Es handelt sich um das Wriggen mit dem Schiffsruder. Dieses gehört zur Bootsausstattung, ist beweglich am Heck des Schiffes als „Leit- und Steuertragfläche“ angebracht, dient dem Manövrieren in Fahrt und wird, zumindest bei kleineren Booten, mit Muskelkraft von Hand betrieben. Regel 42 weckt in uns die Erwartung, dass offenbar durch das rhythmische Herumwackeln am Ruder eine vorteilhafte Strömung angefacht wird, die das Seefahrzeug als Ganzes vorantreibt.

TRANSVERSAL WIRKSAME SCHIFFSANTRIEBE. Formaldefinitorisch ist das Wriggen eine *Fortbewegungstechnik für Seefahrzeuge durch das Hin- und Herbewegen eines in einem Fixpunkt beweglich gelagerten Paddels von Hand*. Der Fixpunkt befindet sich am Heck (achtern) des Seefahrzeugs. Die Betriebsebene eines zum Wriggen geeigneten Paddels liegt transversal gegenüber dem Schiffskörper. Es gibt speziell für das Wriggen gestaltete Paddel. Wir betrachten das europäische Wriggpaddel und das asiatische Yuloh.

Das europäische Wriggpaddel ist der traditionelle Antrieb (mitunter speziell gestalteter) Wriggboote. Grundsätzlich können alle Bootsformen gewriggt werden. Die Betriebsebene eines des Wriggpaddels liegt transversal gegenüber der Schiffskörperebene. Im Betrieb wird ein Wriggpaddel in ein Wriggloch (Fixpunkt) eingehängt oder beweglich in einer Dolle (auch Zepter) geführt und ist mit dieser reversibel verbunden. Das Wriggpaddel besitzt einen Schaft und eine Arbeitstragfläche, die nach Stand der Technik in integraler Bauweise ausgeführt sind. Im Betrieb wird das Paddel von Hand so hin und her bewegt, dass das Paddelblatt im Wasser eine „liegende Acht" beschreibt. Um einen günstigen Anstellwinkel einerseits zur Strömungsrichtung des Gewässers, andererseits relativ zur avisierten Bewegungsrichtung des Seefahrzeugs zu erreichen, wird dem Paddel im Umkehrpunkt eine von Hub zu Hub in der Richtung wechselnde Drehbewegung aufgeprägt. Die Technik des Wriggens ähnelt der Fortbewegungstechnik der venezianischen Gondeln, wobei hier das Paddel seitlich und nicht achteraus gerichtet ist. Wriggpaddel vom Stand der Technik sind üblicher Weise aus Holz oder Kunststoff gefertigt. Die Arbeitstragfläche des europäischen Wriggpaddels besitzt betriebsweisenbedingt ein bezüglich der Bewegungsrichtung axial- und bezüglich der Hauptachse zentralsymmetrisches Strömungsprofil.

Das asiatische Yuloh ist der tradierte Antrieb chinesischer Dschunken. Das Yuloh ist darüber hinaus im gesamten asiatischen Raum verbreitet (z.B. als Ro in Japan) und findet auch als Hilfsruder auf polynesischen Proas Anwendung, die derart ausgestattet seit über 5000 Jahren betrieben werden und (wahrlich) Stand der Technik sind. In China wird das Yuloh erstmals in einer Schrift (Shi Ming) des Autors Liu Hsi, Han Dynastie (23-221 n.Chr.) erwähnt, gilt aber zu dieser Zeit schon als tradierter Antrieb auch größerer Boote. Die Betriebsebene eines Yulohs liegt – ähnlich dem Wriggpadel – ebenfalls transversal gegenüber dem Schiffskörpers. Grundsätzlich können alle Bootsformen mit einem Yuloh-Paddel angetrieben werden. Das Yuloh besitzt einen Schaft und eine Arbeitstragfläche und wird als Integral-konstruktion aus einem Stück gefertigt; montierte Formen sind überliefert und ebenfalls Stand der Technik. Das Yuloh wird im Betrieb beweglich in einem Fixpunkt, ähnlich der Fixation eines europäischen Wriggpaddels im Dollpunkt, gelagert und ist mit diesem reversibel verbunden. Zusätzlich und im Unterschied zu einem europäischen Wriggpaddel besitzt das asiatische Yuloh-Paddel (1) bootsseitig eine weitere Führung und (2) ist der Schaft eines Yulohs im Fixpunkt leicht gekröpft. Zur Führung (1): Etwa auf der Höhe des Bediengriffes besitzt das Yuloh eine Abspannung (Seil) zu einem zweiten Fixpunkt am Deck des Bootes und bildet derart eine Fesselung im Sinne eines Zugmittelsystems aus. Zur Kröpfung (2): Der Schaft des Yulohs ist leicht bogenförmig (mit einer Krümmung von 8° bis 10°) ausgeführt, oder weist auf der Höhe des heckwärtigen Auflagers eine Kröpfung mit einem Winkel von um die 8° auf. Im Betrieb bewirkt die

Seilführung (1) der Fesselung in gestalterischer Kombination mit der Krümmung des Schaftes bzw. der Kröpfung des Schaftes im Lagerpunkt (2), dass ein Yuloh vom Stand der Technik eine Hin- und Her- Bewegung ausführt, bei der sich autonom und ohne Zutun des Betreibers ein strömungsgünstiger Anstellwinkel des Paddelblattprofils einerseits zur Strömungsrichtung des Gewässers, andererseits relativ zur avisierten Bewegungsrichtung des Seefahrzeugs einstellt, ohne dass dem Paddel im Umkehrpunkt eine in der Richtung wechselnde Drehbewegung aufgeprägt werden muss. In Fahrt führt die Paddel-Arbeitstragfläche nun eine Art Wischbewegung durch das Wasser aus. Der durch die Bauweise bedingte dynamische Auftrieb des Arbeitstragflügels hält dabei durch eine Hebelwirkung das Zugmittelsystem unter Spannung, was zu einer sehr einfachen Bedienung führt. Die für Yulohs überlieferten Strömungsprofile der Arbeitstragflächen sind in der Regel symmetrisch. Nichtsymmetrische Strömungsprofile bilden die Ausnahme.

Wriggen ist eine Fortbewegungsweise vom Stand der Technik. In einer Dienstanweisung der schweizerischen Armee wird das Wriggen eindeutig beschrieben und in Graphiken durch einen kräftigen Mann dargestellt (siehe oben). Denn wriggen ist anstrengend. Deshalb lassen wir es am besten außeracht und beschäftigen uns lieber mit der asiatischen Variante, von der behauptet wird, sie könnte auch von Kinderhand wirkungsvoll betrieben werden. Tatsächlich sind Beschreibungen von Hafenszenen überliefert, nach denen ein vietnamesisches Großmütterchen mit einem ihr anvertrauten Enkelkind auf dem Rücken, eine wenigstens fünf Tonnen schwere Dschunke (wahlweise Sampa) elegant wie mühelos mit einem Yuloh über einen Fluss pendelt. Das wollen wir gerne glauben. Allein, weil es so schön klingt. In den Museumssammlungen finden wir zahlreiche Modelle, Zeichnungen und Beschreibungen japanischer, vietnamesischer, chinesischer und auch afrikanischer Schiffe, die mit einem gefesselten Ruder ausgestattet sind. Von historischer, maritimer Technik ist ja bekannt, dass sie in aller Regel das Ergebnis oder zumindest der temporäre Status eins hochselektiven Prozesses darstellt, denn gutes Schiffsdesign entscheidet und entschied zu allen Zeiten und anders als die Gestaltung von Bauten etwa oder Werkzeugen, über Leben und Tod. Maritim Untaugliches besaß ein nur beschränktes Heimkehrvermögen und schied aus dem Portfolio der heimischen Schiffbauerkunst aus.

PROFILE FÜR YULOHS AUS ÜBERLIEFERUNGEN.

Staunend über die maritime Entwicklung der asiatischen Kulturgesellschaften, fasziniert von den japanischen Ro, den chinesischen Yulohs und dieserart angefixt entstand nun der Plan, den schweizer Militärmann außerachtlassend, das Konzept für einen Funktionsimplikator zu erstellen. In einer klassischen Vorgehensweise sollten nun dem Konzept eines Technik- und Technologiedemonstrators eine Funktionshypothese auf der Basis einer archäologischen Analyse vorangeschaltet werden.

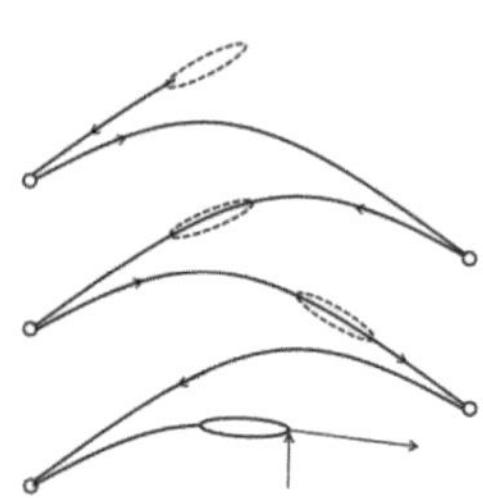

Auffällig allerdings und auch von einem archäologischen Laien wahrnehmbar ist die Unterschiedlichkeit der aus den Sammlungs-modellen und/oder zeichnerischen Über-lieferungen extrahierbaren Tragflächenprofile asiatischer Yulohs. Dabei handelt es sich – ganz entgegen der Erwartung, die sich aus der vermuteten Betriebsweise ergibt – keineswegs ausschließlich um asymmetrische Konturen.
Bei einem durch ein Yuloh angetriebenes Schiff in Fahrt, bewegt sich die Arbeitstragfläche des Paddels in einer Abfolge sichelförmiger Bahnen durch das bewegte Fluid, wie oben skizzenhaft dargestellt.
Ein derartiger „Tragflächen-Arbeitsprozess" erfordert kein symmetrisches Tragflächenprofil.

PROFILSPEZIFIKATION UND BERECHNUNGSBLÄTTER

Es werden potentialtheoretische Untersuchungen zu den synthetischen Profilkonturen der BLB-Serie durchgeführt. Das BLB-Profil ist ein fluidmechanisch wirksames, zentralsymmetrisches Strömungsprofil, dessen Kontur mit geringen deklaratorischen Mitteln beschreiben werden kann. Der Deklaration liegt die Idee eines Strömungsprofils zu Grunde, das allein durch das geometrische Element Ellipse beschrieben und durch lediglich zwei Parameter eindeutig definiert ist. Das Strömungsprofil ist für Kraft- und Arbeitstrag-flächen geeignet. Ausprägungen und Varianten des fluidmechanisch wirksamen Strömungsprofils können in Serien systematisiert und geordnet werden. Es kann skaliert und parametrisiert werden derart, dass es für Strömungsbedingungen fluidmechanisch wirksam und geeignet ist, die

durch kleine Anströmgeschwindigkeiten und kleine geometrische Bauteilabmessungen gekennzeichnet sind. Das bevorzugte Anwendungsgebiet sind Transversalpaddel.
Das BLB-Profil ist ein fluidmechanisch wirksames, in lateraler Achse (Achse der Bewegungs-richtung) nichtsymmetrischen, jedoch wechselseitig beaufschlag-bares zentralsymmetrischen Strömungs-profil, dessen Kontur durch das geometrischen Element Ellipse beschrieben und durch zwei Parameter [p1][p2] vollständig und eindeutig definiert ist, wie folgt:

"BLB [p1][p2]".

Das Profil ergibt sich aus der Überlagerung zweier zentralsymmetrischer Halbellipsen und bildet ein in Hauptströmungsrichtung asymmetrisches Strömungsprofil aus.
Die zentralsymmetrischen Halbellipsen besitzen eine Dicke, entsprechend der Summe des halben Durchmessers des Konstruktionskreises D der oberen Halbellipse und des halben Durchmessers des Konstruktionskreises d der unteren Halbellipse.

Profilspezifikation BLB[d/t][D/t]

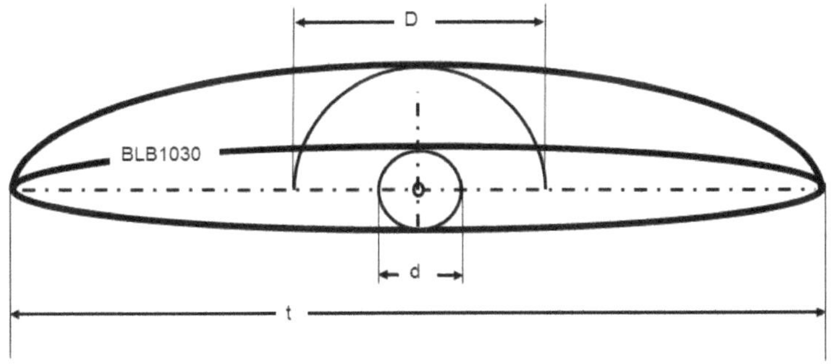

Mit dem Parameter p1 sei der spezifische, auf die Profiltiefe t der Arbeitstragfläche bezogene, Durchmesser d/t des Konstruktionskreises der unteren Halbellipse benannt. Mit dem Parameter p2 sei der spezifische, auf die Profiltiefe t der Arbeitstragfläche bezogene, Durchmesser D/t des Konstruktionskreises der oberen Halbellipse benannt. Die Kontur des zentralsymmetrischen Profils entsteht, indem die obere und die untere

Halbellipse eine gemeinsame Kontur bilden. **Das Strömungsprofil "BLB[d/t][D/t]"** ist für Kraft- und Arbeitstragflächen, insbesondere für Profile von Paddelblättern geeignet. Die Graphiken betreffen berechnete Werte unterschiedlicher BLB-Profile.

- Profilgraphik
- Polardiagramm der Auftriebs- und Widerstandsbeiwerte über den Anstellwinkel bei unterschiedlichen Reynoldszahlen für das Medium Wasser.
- Auftriebs- und Widerstandsbeiwerte.
- Stall: Transition und Separation auf der Tragflächenoberseite (Stallseite) über den Anstellwinkel bei def. Reynoldszahlen für das Medium Wasser.

Die zu untersuchenden Geschwindigkeiten sollen bei unseren Betrachtungen nicht kleiner als $v_{min} = 0.5\ [m \cdot s^{-1}]$ sein. Die Tiefe T des Tragflügels repräsentiert die signifikante Länge L in der Formulierung der Reynolds-Zahl und variiert im Bereich von $\{0.1[m] < T < 0.2[m]\}$; die kinematische Viskosität[11] des Mediums ist mit n(Wasser) = $0{,}1012 \cdot 10^{-6}\ [m^2 \cdot s^{-1}]$ als Tabellenwert gegeben. Damit sind die minimalen und die maximalen errechneten Reynoldszahlen angegeben mit den Zahlenwerten $Re_{unten} = 49.407$ und $Re_{oben} = 975.296$; sie determinieren einen Untersuchungsbereich der relevanten Geschwindigkeiten von: $5 \cdot 10^4 < Re < 1 \cdot 10^6$ und d einer Schallgeschwindigkeit $c_{SW} = 1484\ [m \cdot s^{-1}]$.

Symbolik, abgeleitete Größen und Kennwerte in der Profilanalyse			
Tragflügellänge	b	[m]	
Profiltiefe (chord length, c)	t	[m]	
generalisierte x-Koordinate	x/l	[%]	
generalisierte y-Koordinate	y/l	[%]	
generalisierte (Kontur-) Geschwindigkeit	v/V	[%]	
Profildicke	d/t	[%]	
Profilwölbung	f/t	[%]	
Wölbungsrücklage	xf/t	[%]	
Nasenradius	r/t	[%]	
Hinterkantenwinkel	τ	[°]	
überströmte Fläche des Flügels	A	[m²]	$A = b \cdot t$
Seitenverhältnis (Flügel)	λ	[-]	$\lambda = A/b^2$

[11] Stoffgrößen einiger Strömungsmedien

Stoff	dyn. Viskosität η	Dichte ρ	kin. Viskosität ν	Schallgeschw. **a**
[phys. Einheit]	$[kg \cdot s^{-1} \cdot m^{-1}]$	$[kg \cdot m^{-3}]$	$[m^2 \cdot s^{-1}]$	$[m \cdot s^{-1}]$
$Luft_1$	$18{,}1 \cdot 10^{-6}$	1,188	$15{,}24 \cdot 10^{-6}$	343
$Wasser_2$	$1{,}01 \cdot 10^{-3}$	$0{,}998 \cdot 10^3$	$0{,}1012 \cdot 10^{-6}$	1484
$Öl_3$	$6{,}80 \cdot 10^{-3}$	$0{,}858 \cdot 10^3$	$7{,}93 \cdot 10^{-6}$	1340
$Gelatine_4$	$3{,}7 \cdot 10^{-3}$	$0{,}8 \cdot 10^3$	$4{,}625 \cdot 10^{-6}$	k. A.

Auftriebsbeiwert (LIFT-Koeffizient)	C_L	[-]	
Widerstandsbeiwert (DRAG-Koeffizient)	C_d	[-]	
Momentenbeiwert MOMENT-Koeffizient)	C_m	[-]	
Druckbeiwert (pressure coefficient)	C_p	[-]	
kritischer Druckbeiwert [12]	C_p*	[-]	
Reibungsbeiwert (local friction coefficient)	C_f	[-]	
Gleitzahl	G	[-]	$G = (C_L / C_d)$
Geschwindigkeit in [m/s],	v, w	$[ms^{-1}]$	
Schallgeschwindigkeit (speed of sound)	a	$[ms^{-1}]$	
Auftrieb, Querkraft, Lift	L	[N]	$L = c_a \cdot A \cdot v^2 \cdot \rho/2$
Formwiderstand	W_F	[N]	$W_F = c_w \cdot A \cdot v^2 \cdot \rho/2$
Reibungswiderstand	W_R	[N]	$W_R = c_r \cdot A \cdot v^2 \cdot \rho/2$
induzierter Widerstand	W_I	[N]	$W_I = c_I \cdot A \cdot v^2 \cdot \rho/2$
Beiwert glatte Oberfläche, laminar	c_r	[-]	$c_r = 1{,}327 \cdot (Re)^{-1/2}$
Beiwert glatte Oberfläche, turbulent	c_r	[-]	$c_r = 0{,}074 \cdot (Re)^{-1/5}$
Beiwert rauhe Oberfläche, turbulent[13]	c_r	[-]	$c_r = 0{,}418 \cdot (2+\lg(t/k))^{-2{,}53}$
Beiwert des induzierten Widerstands[14]	c_I	[-]	$c_I = \lambda c_a^2 / P$
Liftleistung	P_L	[W]	$P_L = L \cdot v$
Widerstandsleistung	P_{WI}	[W]	$P_{WI} = (W_F \; W_R \; W_I) \cdot v$
Konturposition	x	[m]	
Lokale Reynolds-Zahl	Re_X	[-]	$Re_X = Re\delta\_2 = v_\infty \cdot x / \mathbf{n}$
Verdrängungsdicke, Grenzschichtdicke[15]	δ_1	[m]	
Grenzschichtdicke (laminar)[16] $\delta_2=$	δ_{LAM}	[m]	$\delta_{LAM} = 5{,}0 \cdot (Re_X)^{-1/2} \sim x^{1/2}$
Grenzschichtdicke (turbulent)[17] $\delta_3=$	$\delta_{TURB.}$	[m]	$\delta_{TURB} = k(x) \cdot (Re_X)^{-1/2} \sim x^{0.8}$
Konturbeiwert (shape factor12)	H_{12}	[-]	$H_{12} = \delta_1/\delta_2$
Konturbeiwert (shape factor32)	H_{32}	[-]	$H_{32} = \delta_3/\delta_2$

T.L. oder ULT_{LOWER}	Umschlagpunkt, Transition: laminar-turbulent, lower surface
T.U. oder ULT_{UPPER}	Umschlagpunkt, Transition: laminar-turbulent, upper surface
S.L. oder ABP_{LOWER}	Ablösepunkt, Separation, lower surface
S.U. oder ABP_{UPPER}	Ablösepunkt, Separation, upper surface

Es folgen nun die Ergebnisse potentialtheoretischer Untersuchungen unterschiedlicher BLB- Profile, die nach einer ersten Annahme für moderne Yuloh-Arbeitstragflächen geeignet scheinen. Nach meinen Erfahrungen in den vergangenen Jahren mit anderen sinnfälligen Profilformen machte ich mir wenig Hoffnung darauf gemessene Referenzwerte für BLB-Profile zu

[12] kritischer Druckbeiwert [12] (critical pressure coefficient ind. supersonic flow) C_p*

[13] Angabe der Rauhigkeit k in [m]. z.B. gilt als glatt: k= 0,001[mm] = 10^{-3} [mm] = 10^{-6} [m].

[14] gemäß elliptischer Auftriebsverteilung nach Prandtl

[15] Grenzschichtdicke (displacement thickness) δ_1

[16] auch ImpulsverlustDicke (momentum loss thickness)

[17] Dicke der turbulenten Grenzschicht (ebene Platte) $\delta_{TURB.} = k(x)(Re_X)^{-1/2}$. Der empirische Faktor k entspricht der Ordinate k=y(x), im Falle der ebenen Platte. Auch EnergieDickenbeiwert

recherchieren. Gewiss sind potentialtheoretische Untersuchungen zu Profilkonturen nur ein erster Hub und zu gegebener Zeit sollten Berechnungskampagnen mit CFD-Lösern an diese Voruntersuchungen anschließen. Mit der stufenweisen Variation der Parameter p1 und p2, dem spezifischen, auf die Profiltiefe t der Arbeitstragfläche bezogenen, Durchmesser d/t des Konstruktionskreises der unteren Halbellipse und dem spezifischen, auf die Profiltiefe t der Arbeitstragfläche bezogenen Durchmesser D/t des Konstruktionskreises der oberen Halbellipse spannt sich folgende Geometrievariation auf:

$c_{L,MAX}$ [-] bei $\alpha_{ANSTELL}$ [°]		Konstruktionskreis D/t [%]					
		20	30	40	50	60	70
Konstruktionskreis d/t [%]	03	1,99 12	2,56 16				
	05		2,51 16	3,18 20	3,76 20	4,19 20	
	10		2,47 16	3,14 20	3,75 20	4,16 20	4,53 20
	20					4,58 24	5,12 24

Die Tabelle zeigt berechnete Werte des maximalen Auftriebskoeffizenten C_L der Profilkontur, und bei welchem Anströmwinkel α dieser dimensionslose Beiwert berechnet wurde. Ich stelle diese Tabelle den Graphiken der Berechnungskampagne voran, um die Aufmerksamkeit des geneigten Lesers auf diese schier unglaublichen (theoretischen) Leistungsmerk-male der BLB-Profile zu lenken mit dem Ziel, diese gegebenenfalls durch eigene Untersuchungen zu verifizieren. Betrachten Sie diese Berechnungsergebnisse als eine Art Prognose der physikalischen Wirksamkeit dieser, für einen Bootsbauer merkwürdig anmutenden, Profilformen. In der Baupraxis mühelos machbar ist ein Yuloh-Arbeitsprofil vom Typ BLB 0550. Es stellt aus meiner Sicht einen guten Kompromiss von strukturellem Aufwand und Leistungsfähigkeit dar. Natürlich wird der sehr hohe Auftriebsbeiwert von $C_L > 3.5$ mit einem nicht unerheblichen Widerstand $C_W > 0,1$ erkauft. Aber man stelle sich vor: mit dieser Arbeitstragfläche werden Vortriebskräfte in beide Betriebsrichtungen, also im Vorwärts- und im Rückwärtsbetrieb erzielt. Bei einem Anstellwinkel von α=20[°] befindet sich das Profil schon vollständig im turbulenten Betriebszustand (Transition an der Profiloberseite). Betrachten Sie hierzu bitte die Graphik der Auftriebs- und Wider-standskoeffizienten in Abhängigkeit vom Anstellwinkel. Trotz der der für einen Bootsbauer sicherlich gewöhnungsbedürftigen Profilform reißt die Strömung erst bei 90% der überströmten Profiltiefe ab. Auch dies ist eine bemerkenswerte Prognose. Betrachten Sie hierzu bitte die Graphik der Transition T und der Separation S an der Profiloberseite.

NUMERISCHE MODELLE

Die im Text angesprochene computerunterstützte Strömungsmechanik (computational fluid dynamics, numerische Strömungsmechanik, CFD) zielt darauf, strömungsmechanische Probleme approximativ mit numerischen Methoden zu lösen. Die benutzten Modell-gleichungen sind meist die Navier-Stokes- Gleichungen, Euler- oder Potentialgleichungen. Die Idee der CFD ist es, komplexe Fragestellungen der Strömungsmechanik zu bearbeiten, deren Lösungen sehr schnell zu nichtlinearen Problemen führen und nur in Spezialfällen exakt lösbar sind. Verbreitete Lösungsmethoden der CFD sind die Finite- Differenzen- Methode (FDM), die Finite Volumen- (FVM) und die Finite Elemente- Methode (FEM).

Der in diesem Aufsatz für die Strömungsberechnung verwendete Potential-Code gehört zu einer Schar frei verfügbarer Strömungssimulationsprogramme, die nach der Potential-theorie arbeiten. Potentiallöser stellen einen sehr effektiven Code zur Simulation von Außenströmungen dar (XFOIL[18], FS-Flow[19], Javafoil[20]), arbeiten nach der Potentialtheorie und sind auf der numerischen Ebene so genannte Panel-Codes, die für reibungs- und rotationsfreie Strömungsprobleme angewandt werden. In der Regel verfügen auch Potentiallöser über ein Reibungs- und Turbulenzmodell, wie oben im Text beschrieben (z.B. Eppler-Modell). Mit einem Potentiallöser werden die Berechnungszeiten für das Strömungsgebiet extrem (Faktor 1/1000 im Vergleich zu tradierten CFD-Methoden) verkürzt. Potentialcode ist besonders geeignet für die Untersuchungen komplexer Qualitätsland-schaften von Strömungsphänomenen, bei denen in möglichst kurzer Zeit eine Vielzahl von Berechnungsiterationen erforderlich sind. In der hiesigen Untersuchung wird der Potentiallöser als Prognose-instrument in der frühen Phase der Systementwicklung verwendet.

---

[18] XFOIL is an interactive program for the design and analysis of subsonic isolated airfoils.

[19] FS-Flow ist ein universaler Potentialcode nach dem Panelverfahren der Firma FutureShip GmbH in Potsdam.

[20] MH *JavaFoil*. *JavaFoil* is a free program that enables you to perform airfoil analysis.

BERECHNUNGSKAMPAGNE

Es werden BLB-Profile Geometrievariationen durch- und einer potentialtheoretischen Berechnung zugeführt. Mit der stufenweisen Variation der Parameter p1 und p2, dem spezifischen, auf die Profiltiefe t der Arbeitstragfläche bezogenen Durchmesser d/t des Konstruktionskreises der unteren Halbellipse und dem spezifischen, auf die Profiltiefe t der Arbeitstragfläche bezogenen Durchmesser D/t des Konstruktionskreises der oberen Halbellipse ergibt sich eine konsistente Berechnungskampagne ausgewählter Profile.

Geometrie-Variation		D/t [%]					
		20	30	40	50	60	70
d/t [%]	03	BLB0320	BLB0330				
	05		BLB0530	BLB0540	BLB0550	BLB0560	
	10		BLB1030	BLB1040	BLB1050	BLB1060	BLB1070
	20					BLB2060	BLB2070

Monographien des Autors im Zusammenhang mit der BIONIC RESEARCH UNIT

2015

Das nichtorthodoxe Beaufschlagungs-Bewegungsgebaren von Fischflossen. GRIN-Verlag GmbH München, ISBN (eBook): 978-3-656-87544-4, ISBN (Buch): 978-3-656-87545-1.

Tragflügelprofile für Transversalantriebe von Seefahrzeugen. Reihenuntersuchung zu BLB-Profilen. GRIN-Verlag GmbH München, ISBN 978-3-656-87256-6.

Computergestützte Vorgehensweisen der Übertragung biologischer Phänomene in Technik. In: Joachim Villwock (Hrsg.) Methoden des Fortschritts. Shaker Verlag Aachen, ISBN: 978 3-8440-2932-1; ISSN: 2199-515X.

2014

Über instationäre Wirbelspuleneffekte bei Doppeldeckertragflächen. Anmerkungen zum „Katzmayr Effekt". GRIN-Verlag GmbH München, ISBN: 978-3-656-75678-1.

Auf Phänomenologien und computergestützten Funktionshypothesen basierende Produktentwicklung. Phenomenology driven Product development. GRIN-Verlag GmbH München, ISBN (eBook): 978 3-656 82401-5, ISBN (Buch): 978-3-656 82404-6.

Vortex coil effect-use rig for sailing surfboards. In: Transactions in Bionic Patents, Vol.:08. GRIN-Verlag GmbH München, ISBN (Buch): 978-3-656-71211-4

Fluidmechanisch wirksame Fasergewirke mit heterogenem, anisotropem Faserflor und elastischen Untergewebe zum reversiblen Anfügen an technische Oberflächen. (GM253). Gebrauchsmuster-Nr. 20 2014 003 343.9, IPC: D04B 1/02

Phänomenologie der strömungsmechanischen Wirbelspule bei Doppeldeckern. GRIN-Verlag GmbH München, ISBN (eBook): 978-3-656-71436-1, ISBN (Buch):978-3-656-71435-4

Kajakpaddel mit lateralsymmetrischem Strömungsprofil und balancierten Flügelenden. (GM285). Gebrauchsmuster-Nr. 20 2014 009 801.8, IPC: B63H 16/04

Fluiddynamisch wirksames, zentralsymmetrisches Strömungsprofil aus geometrischen Grundfiguren (GM299). Gebrauchsmuster-Nr. 20 2014 009 775.5, IPC: F15D 1/10

„**nutria**" ist kein Brotaufstrich. GRIN-Verlag GmbH München, ISBN (e-Book): 978-3 656-59202-0, ISBN (Buch): 978-3-656-59203-7

Methoden in der Bionik. Wellenwiderstandskoeffizienten aus kubischen Ersatz-funktionen. GRIN-Verlag GmbH München, ISBN (Buch): 978-3-656-58044-7

Die Ermittlung des fluidmechanischen Reibungswiderstands auf der Basis einfachster Volumen modelle. GRIN-Verlag GmbH München, ISBN (e-Book): 978-3-656-57071-4 , ISBN (Buch): 978-3-656 57070-7

2013

Gekröpfte, strömungsadaptiv und profilvariabel ausgeführte Stabilisatorleitfläche mit Plattenprofil in Integralbauweise für Seefahrzeuge (GM131) Gebrauchsmuster-Nr. 20 2014 000 361.0, IPC: B63B 39/06

Über „durch Stall induzierte, nicht stationäre Jetströmungen", About Stall induced instationary Jetstreams (StiiJETs). GRIN-Verlag GmbH München, ISBN (e-Book): 978-3-656-55691-6, ISBN (Buch):978-3-656-57532-0

Beitrag zur Phänomenologie der fluidmechanischen Wirbelspirale. GRIN-Verlag GmbH München, ISBN (e-Book): 978-3-656-55387-8, ISBN (Buch): 978-3-656-55394-6

Die Stall-Eigenschaften von Profilkonturen für Leit- und Steuerflächen an Seefahrzeugen. GRIN-Verlag GmbH München, ISBN (Buch):978-3656-55428-8

Strömungsprofil aus geometrischen Grundfiguren mit drehbeweglichem Segment. (GM302) Gebrauchsmuster-NR: 20 2013 007 173.7, IPC: F15D 1/10

Wirbelspuleneffekt nutzendes Rigg für Segelsurfbretter. (GM240). Gebrauchsmuster-NR: 20 2013 007 167.2, IPC: B63H 9/06

Bodeneffekt nutzendes Vorsegel für Segelboote. (In: Transactions in Bionic Patents, Vol.:05) GRIN-Verlag GmbH München, ISBN (Buch) 978-3-656-47628-3

Reihenuntersuchung zu Profilkonturen für Leit- und Steuerflächen von Seefahrzeugen. Datenreihe ERpL2050, GRIN-Verlag GmbH München, ISBN (e-Book): 978-3-656-47206-3, ISBN (Buch) 978-3-656-47215-5

Fluiddynamisch wirksames Strömungsprofil aus geometrischen Grundfiguren. (GM301) Gebrauchsmuster-NR: 20 2013 004 881.6 IPC: F03D 1/06

Tragflügel mit periodisch wechselnder Strömungsbeaufschlagung. Anmerkungen zum Katzmayr-Effekt, GRIN-Verlag GmbH München, ISBN (e-Book): 978-3-656-44183-0, ISBN (Buch) 978-3-656-44284-4

Strömungsadaptive mehrfach profilvariabel ausgeführte Stabilisatorleitfläche in zentralgebundener Integralbauweise zur Anmontage an ein Seefahrzeug. (GM118) Gebrauchsmuster-NR: 20 2013 797.4, IPC: B63B 39/06

Strömungsbeaufschlagter räumlich beweglich und profilvariabel ausgeführter Tragflügel in heckfixierter Differentialbauweise für Surfbrettfinnen. (GM78) Gebrauchsmuster-NR: 20 2013 000 793.1, IPC: B63B 41/00

Strömungsbeaufschlagter, räumlich beweglich und profilvariabel ausgeführter Plattentragflügel in Differentialbauweise für das Steckschwert einer Segeljolle (GM72), Gebrauchsmuster-NR: 20 2013 000 789.3, IPC B63B 41/00

Zweiachsenströmungsadaptiver Anflügel (LeeLET) in Differentialbauweise zur Montage an das Schwenkschwert einer Segeljolle. (GM90) Gebrauchsmuster-NR: 20 2012 011 874.9, IPC: B63B 41/00

Strömungsbeaufschlagte Anflügelkinematik in Differentialbauweise an einem profilvarianten Schwenkschwert für Segeljollen (GM81) Gebrauchsmuster-NR: 20 2012 011, 872.2, IPC: B63B 41/00

Strömungsbeaufschlagter, räumlich beweglicher Sensortragflügel mit RFID-Technik in Differentialbauweise zur Anmontage an Seefahrzeuge. (GM120) Gebrauchsmuster-NR: 20 2012 011 871.4, IPC: B63B 69/00

Strömungsbeaufschlagter, räumlich beweglicher Tragflügel als Differentialbauweise strömungs-adaptiver, vertikalkraftgenerierender Leitflächen an Segelyachten (GM60), Gebrauchsmuster-NR: 20 2012 011 866.8, IPC: B63B 41/00

Jollenschwerttragfläche mit flexibler, strömungsmechanisch wirksamer Oberflächenfolie (GM36) Gebrauchsmuster-NR: 20 2012 011 875.7, IPC: B63B 41/00

Yachtrudertragfläche mit flexibler, strömungsmechanisch wirksamer Oberflächenfolie (GM35) Gebrauchsmuster-NR: 20 2012 011 869.2, IPC: B25H 25/38

Bodeneffekt nutzendes Vorsegel für Segelboote in Differentialbauweise (GM210) Gebrauchsmuster-NR: 20 2012 011 868.4, IPC: B63H 9/06

About nonorthodox behavior of fish fins. Intelligent Mechanics in Nature and Design, GRIN-Verlag GmbH München, ISBN: 978-3-656-44320-9.

2012

Components designed to be Load adaptive. US-Pat. 13/517,181 (based on PCT/DE2010/075164, 19062012).

Components designed to be Load adaptive. WO: PCT/DE2010/075164 (based on PCT/DE2010/075164, 19062012). IPC: B63H (2012.01)

Components designed to be Load adaptive. EU-Pat. 10809144.8 (based on PCT/DE2010/075164,).

Belastungsadaptiv ausgebildete Bauteile. Int. Patent PTC/DE2010/075164, EP: 10809144.8, Offenlegung. 22062011

Haarförmiger Sensor für bewegte Fluide zum Betrieb mit RFID-Technik (Reihe: Transactions in Bionic Patents, Vol.:04). GRIN-Verlag GmbH München, ISBN (Buch): 978-3-656-32687 8, ISBN (e-Book): 978 3-656-32107-1

Membranfaltstruktur als Konstruktionselement (Reihe: Transactions in Bionic Patents, Vol.:03). GRIN Verlag GmbH München, ISBN (Buch): 978-3-656-32607-6, ISBN (e-Book): 978 3-656-32108-8

Einwegspritzensystem auf Blisterbasis (Reihe: Transactions in Bionic Patents, Vol.:01). GRIN-Verlag GmbH München, ISBN (Buch): 978-3-656-32693-9, ISBN (e-Book): 978-3-656 32118-7

Lokal Search with Progress Spectrum Adaptation. GRIN-Verlag GmbH München, ISBN (Buch): 978-3 656-26354-8, (e-Book): 978-3-656-26269-5

Methoden in der Bionik. Lokale Suche und Optimierung. GRIN-Verlag GmbH München, ISBN(e-Book): 978-3-656-11787-2

Optimierung mit generationsübergreifender Informationsausnutzung. In: Forschungsbericht 2011 der BHT Berlin, S. 179-183. Publikationen der Beuth Hochschule für Technik Berlin. ISBN 978-3-856 73650-5

Methoden in der Bionik. Kennzahl für die Fluid-Struktur-Wechselwirkung. GRIN Verlag GmbH München, ISBN (Buch): 978-3-656-08838-7, (e-Book): 978-3-656-08872-1

2011

Methoden in der Bionik. Überkritische Froude-Zahlen . GRIN-Verlag GmbH München, ISBN (Buch): 978-3-640-93298-6, (e-Book): 978-3-640-93283-2

Methoden in der Bionik. Froude-Zahl und Rumpfgeschwindigkeit eines Wasservogels. GRIN-Verlag GmbH München, ISBN (Buch): 978-3-640-92529-2, (e-Book): 978-3-640 92513-1

Methoden in der Bionik. Die Reynoldsbasierte Fluidische Fitness. GRIN-Verlag GmbH München, ISBN (Buch): 978-3-640-90894-3

Optimierungsstrategie mit Signaltransduktion; Adaptions-Experimente. In: Forschungsbericht 2010 der BHT Berlin, S. 157-161. Publikationen der Beuth Hochschule für Technik Berlin. ISBN 978-3-410 21517-2

Bionic Research Unit Berlin. Rezente Bionikforschung an der Beuth Hochschule für Technik Berlin, In: 5. Bremer Bionik Kongress –Tagungsbeiträge. Hrsg.: Antonia B. Kesel, Doris Zehren, S. 200-203. ISBN 978-3-00-033467-2

(Hrsg.) „WackelpuddingTheorie" ,in Transactions in Bionic Engineering Design, Vol. Nr.001. BOD Verlag Norderstedt. ISBN 978-3-8423-2714-6.

Räumliche wirksame Gelenkkinematik als Bauweise beweglicher, strömungsadaptiver Leitflächen für Jollenschwerter. Gebrauchsmuster Nr.20 2010 016 102.9 IPC B63B 41/00

Bewegliche, strömungsadaptive Leitflügel in Differentialbauweise und kaskadierter Anordnung für fluidmechanisch wirksame Ruderleitflächen von Seefahrzeugen. Gebrauchsmuster Nr. 20 2010 016 100.2 IPC B63H 25/38 (2006.01)

Beweglicher, strömungsadaptiver Leitflügel als Konstruktionseinheit zur Montage an ein Steckschwert einer Rennjolle. Gebrauchsmuster Nr. 20 2010 016 097.9 IPC B63B 41/00

2010

OOX. Die originären Ursachen von "X". Eine Methode für die „Frühe Phase" der industriellen Produktentwicklung. GRIN-Verlag GmbH München. ISBN (E-Book): 978-3-640-65011-8, ISBN (Buch): 978-3-640-65055-2

Methoden für den Entwurf und die Gestaltung. Engineering Design Basics. GRIN Verlag GmbH München. ISBN (E-Book): 978-3-640-65010-1, ISBN (Buch): 978-3-640-65050-7

Artifizielle Gefieder. GRIN-Verlag GmbH München. ISBN (E-Book): 978-3-640 65009-5, ISBN (Buch): 978-3-640-65049-1

Optimierung mit Fortschritt Spektren Adaption. Optimization with Progress Spectrum Adaption. GRIN-Verlag GmbH München. ISBN (E-Book): 978-3-640-55397-6, ISBN: 978-3 640-55355-6

2009

Synthetische Muster für lokale Suchalgorithmen. GRIN-Verlag GmbH München. ISBN (E-Book): 978-3 640-49616-7, ISBN: 978-3-640-49633-4

Belastungsadaptives, flexibles Bauelement zur Integration in Orthesen. IPC A61F 5/02 (2006.01) Gebrauchsmuster Nr. 20 2010 003 723.9

Adaptive kinematische Segmente für bewegliche Statorschaufeln von Vorleitapparaten in Strömungs maschinen. IPC F01D 5/28 (2006.01) Gebrauchsmuster Nr. 20 2009008 234.2

Algorithmen zur Musterverarbeitung in Optimierungsstrategien nach dem Vorbild der biologischen Signaltransduktion. GRIN-Verlag GmbH München. ISBN (E-Book): 978-3-640-496150, ISBN: 978-3 640-49632-7

Fortschrittsspektren in lokalen Suchalgorithmen. GRIN-Verlag GmbH München. ISBN: 978-3-640 48784-4.

Physical Modelling driven Bionics. Computerunterstützte Vorgehensweise bei der Übertragung biologischer Phänomene in Technik. GRIN-Verlag GmbH München. ISBN: 978-3-640 45135-7. ISBN(E-Book):978-3-640-45121-0

Artifizielle Evolution Heute. Optimieren nach dem Vorbild der Natur. GRIN-Verlag GmbH München. ISBN: 978-3-640-39858-4. ISBN (E-Book): 978-3-640-39834-8

Bionic Basics. History. BOD Verlag Norderstedt. ISBN 978-3-8370-3476-9

Dienst, M. (2008) Musterverarbeitung in Optimierungsstrategien nach dem Vorbild der biologischen Signaltransduktion. In: Forschungsbericht 2008/2009 der BHT Berlin, S. 160-163. Publikationen der Beuth Hochschule für Technik Berlin. ISBN 978-3-938576-20-5

Haarförmiger Sensor für bewegte Fluide zum Betrieb mit RFID-Technik. IPC G01P (2006.01) Gebrauchsmuster Nr. 20 2009 008 655.0

Membranfaltstruktur als Konstruktionselement. IPC F16S 5/00 (2006.01) Gebrauchsmuster Nr. 20 2009 003 570.0

Adaptive kinematische Segmente für bewegliche Statorschaufeln von Vorleitapparaten in Strömungsmaschinen. IPC F01D 5/28 (2006.01) Gebrauchsmuster Nr. 20 2009 008 234.2

Hydroflexible Einweg-Oberflächenfolie für geometrisch einfache Unterwasserbauteile von Seefahr zeugen. IPC B63B 1/34 (2006.01) Gebrauchsmuster Nr. 20 2009 004 438.6

2008

Bionic Research Unit Berlin. Bionikforschung an der Technischen Fachhochschule Berlin, In: 4. Bremer Bionik Kongress –Tagungsbeiträge, Hrsg.: A.B. Kesel, D. Zehren. ISBN 978-3-00 027193-9

2007

Genesetransformation. Adaption der Transformationscharakteristiken. In: Forschungsberichte 2007 der TFH Berlin, S. 166-171. Publikationen der Technischen Fachhochschule Berlin. ISBN 978-3 938576-07-3

2006

Eine Optimierungsumgebung für Genesetransformationen. In Forschungsberichte 2006 der TFH Berlin, S. 115-117. Publikationen der Technischen Fachhochschule Berlin. ISBN 3938576-07-3

2005

Genesetransformation. Ein Algorithmus zur Synthese von Signalen nach dem Vorbild der biologischen Musterbildung. In: Forschungsberichte 2005 der TFH Berlin, S. 190–193. Publikationen der Technischen Fachhochschule Berlin. ISBN 3-938576-04-9

und Mirtsch, F. (2005) Artifizielle adaptive Strömungskörper nach dem Vorbild der Natur. Forschungsbericht 30042005 . Kinematiken und Gestaltungsprinzip. Forschungsberichte 2005 der Technischen Fachhochschule Berlin.